Light, Sound, and Waves

만화로 쉽게 배우는 물리[빛 · 소리 · 파동]

저자 / 닛타 히데오(新田 英雄)

BM (주)도서출판 성안당

日本 옴사 · 성안당 공동 출간

만화로 쉽게 배우는 **물리**[빛·소리·파동]

Original Japanese Language edition
Manga de Wakaru Butsuri – Hikari, Oto, Nami Hen –
by Hideo Nitta, Aki Fukamori, TREND-PRO
Copyright ⓒHideo Nitta, TREND-PRO 2015
Published by Ohmsha, Ltd.
This Korean Language edition co-published by Ohmsha, Ltd.
and Sung An Dang, Inc.
Copyright ⓒ 2016~2021
All rights reserved.

머리말

　빛, 소리, 파동은 우리 주변에서 쉽게 볼 수 있는 현상입니다. 이 책에서 설명하듯이 빛과 소리 역시 파동의 일종이므로, 빛과 소리를 잘 이해하기 위해서는 우선 파동의 기본적인 성질을 이해해 둘 필요가 있습니다. 그러나, 파동의 개념은 이해하기 힘들기로 유명합니다. 왜냐하면 파동의 운동을 정확하게 이미지화하는 일이 매우 어렵기 때문입니다. 공간에 퍼져나간 파동이 시간과 함께 어떻게 변화해 가는지를 표현하는 일은 그렇게 간단하지 않습니다. 반대로, 파동의 운동 이미지를 정확하게 파악할 수 있다면, 파동의 본질을 이해한 것과 다름 없다고 할 수 있습니다.

　그래서 만화가 등장합니다. 『만화로 배우는 물리「역학편」』의 머리말에서도 말했지만, 만화는 시간의 흐름과 함께 변화해 가는 운동을 생생하게 표현할 수 있는, 매우 특이한 표현수단입니다. 파동과 같이 복잡한 운동이라도 만화를 이용하면 교과서나 비디오 교재보다도 알기 쉽게 설명할 수 있습니다.

　이 책은 만화와 문장 해설이 함께 구성되어 있지만, 만화 부분만을 읽어도 고교 물리 수준의 파동에 관한 지식을 확실히 익힐 수 있도록, 중요한 부분을 반복해서 표현하는 등 여러 가지를 고안하고 있습니다. 머리속에 들어갈 때까지 몇 번이고 만화를 읽어 보세요. 식도 제법 많이 나오므로 물리를 싫어하는 사람에게는 어렵게 느껴지는 부분이 있을지도 모르지만, 그런 부분은 신경 쓰지 말고 건너뛰어 읽어도 상관없습니다. 어쨌든 반복해서 읽으시길 바랍니다. 반복해서 읽을 때마다 모르는 부분이 조금씩 줄어들 것입니다.

　문장 해설은 학습에 더 집중하고 있는 사람이나, 만화를 읽고 공부를 더 하고 싶어하는 사람들을 위한 것입니다. 'Follow Up'은 고교 물리 기초 수준의 해설, 'Step Up'과 'Jump Up'은 주로 이과 고교생, 대학생을 위한 해설입니다. 특히 'Jump Up'은 미적분을 사용한, 약간 고도의 해설입니다. 파동에 대해 깊이 이해하기 위해서는, '운동 방정식'에서 '파동 방정식'이 유도된다는 점, 그때 파동의 속도 역시 동시에 유도된다는 점을 수학적으로 이해할 필요가 있습니다. 이러한 과정에 흥미를 갖는 분이라면 꼭 'Jump Up'을 읽어 주시길 바랍니다.

　끝으로 빛, 소리, 파동을 만화로 표현한다는 매우 어려운 일을 훌륭한 솜씨로 실현해 주신 후카모리 아키(深森 あき)님, 그리고 이 책의 제작과 편집을 담당해 주신 트렌드 프로(TRENDPRO)와 옴사(Ohmsha) 모든 분들에게 깊이 감사드립니다.

2015년 10월

니타 히데오(新田 英雄)

차례

프롤로그 ··· 1

제1장 빛 ··· 9

1.1 빛의 직진과 반사 ··· 10
　[실험실] 거울로 전신을 비추기 위해서는 ································· 15
1.2 빛의 굴절 ··· 16
1.3 렌즈와 상(像) ·· 22
　[실험실] 볼록 렌즈가 만드는 실상에 대해 생각해 보자. ········ 28
1.4 빛의 분산과 색 ·· 29

Follow Up
　• 빛의 탐구 역사 ··· 32
　• 빛의 산란이 생기는 이유 ·· 32
　• 빛의 흡수와 투명·불투명 ··· 34
　• 태양광의 따뜻함 ··· 35
　• 반사의 법칙 ··· 35
　• 외부의 밝음과 유리창에서의 반사 ·· 36
　• 빛의 속도와 굴절률 ··· 37
　• 굴절의 법칙 ··· 38
　• 렌즈의 공식 ··· 39
　• 빛의 분산 ··· 41

Step Up
　• 무지개의 생성법 ··· 42

제2장 파동 ··· 45

2.1 파동의 기본 ··· 47
2.2 파동의 중첩 ··· 67

Follow Up
　• '위치-변위' 그래프와 '시간-변위' 그래프의 관계 ············ 76
　• 파동의 반사 ··· 77

Step Up
　• 운동 방정식 ··· 79

- 진동 · 79
- 단진동과 사인 함수 · 81
- 사인파의 식과 그래프 · 83
- 정상파 · 85

Jump Up
- 미분으로 나타낸 운동 방정식 · 87
- 운동 방정식과 단진동 · 87
- 파동 방정식 · 88
- 횡파의 파동 방정식 · 91
- 종파의 속도와 영률(Young's modulus) · 92
- 파동 방정식의 풀이 · 93
- 중첩의 원리와 파동 방정식 · 94
- 발전 문제 · 95

제3장 소리 · 97

3.1 음파의 기본 · 99
3.2 음파의 전달 방식 · 108
실험실 여러 가지 악기의 '시간-변위' 그래프 · 115
3.3 음파의 정상파와 맥놀이 · 119
실험실 맥놀이 · 130

Follow Up
- 공기 기둥 안의 공기의 진동 · 134
- 소리의 속도(음속) · 137
- 현을 전달하는 횡파의 속도 · 137
- 음계 · 137

Step Up
- 음속의 식 · 140
- 음색과 음파의 중첩 · 141
- 양끝이 열린 기주의 보정 · 143

Jump Up
- 음파의 파동 방정식 · 143
- 음속의 식 도출 · 146
- 기체의 변위와 밀도 변화의 관계 · 147

제4장 도플러 효과 · 149

4.1 음원이 운동하고 있을 때 들리는 소리 · 151

- **실험실** 음원이 운동하고 있을 경우의 도플러 효과의 식 · 156
- 4.2 관측자가 움직이고 있을 때 들리는 소리 · 159
- **실험실** 관측자가 운동하고 있을 경우의 도플러 효과의 식 · 163

Follow Up
- 음원과 관측자가 함께 움직이고 있을 때의 도플러 효과 · 169
- 스피드 건의 원리 · 171

Step Up
- 경사진 방향의 도플러 효과 · 174
- 빛의 도플러 효과 · 176
- 충격파 · 176

제5장 광파 · 179

- 5.1 파동의 간섭과 회절 · 181
- **실험실** 파동이 서로 강해지는 곳과 약해지는 곳을 나타내는 식 · · · · · · · · · · · · · · · 187
- 5.2 입자와 파동 · 191
- **실험실** 회절 슬릿에 의한 간섭 · 201
- 5.3 세상 모든 것은 파동 · 205

Follow Up
- 파동의 에너지와 세기 · 211
- 전자파를 전달하는 매질은? · 211

Step Up
- 구면파 · 212
- 구면파의 간섭 · 213
- 입자성과 파동성 · 214

Jump Up
- 파동의 에너지를 나타내는 식 · 215
- 사인파의 에너지 · 216

부록 A 단위에 대하여
- 기본단위와 조립단위 · 217
- 배수를 나타내는 기호와 명칭 · 218
- 데시벨 · 219

부록 B 수학적 보충
- 테일러 전개 · 220
- 발전 문제(p.95)의 해답 · 222

에필로그 · 224

찾아보기 · 227

프롤로그

1.1 빛의 직진과 반사

■ 빛의 직진과 산란

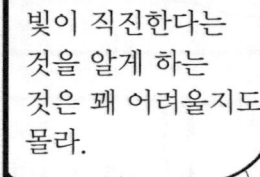

"스스로 빛을 내고 있든지

어딘가에서 온 빛이 닿아 그 빛이 반사되어"

조명으로부터의 빛이 직접 눈에 들어옴

조명으로부터의 빛이 사물에서 산란되어 눈에 들어옴

"즉, 산란해 온 빛이 눈에 닿기 때문에 사물이 보이는 거야."

"어두우면 아무것도 안 보이는 거네."

■ 빛의 반사

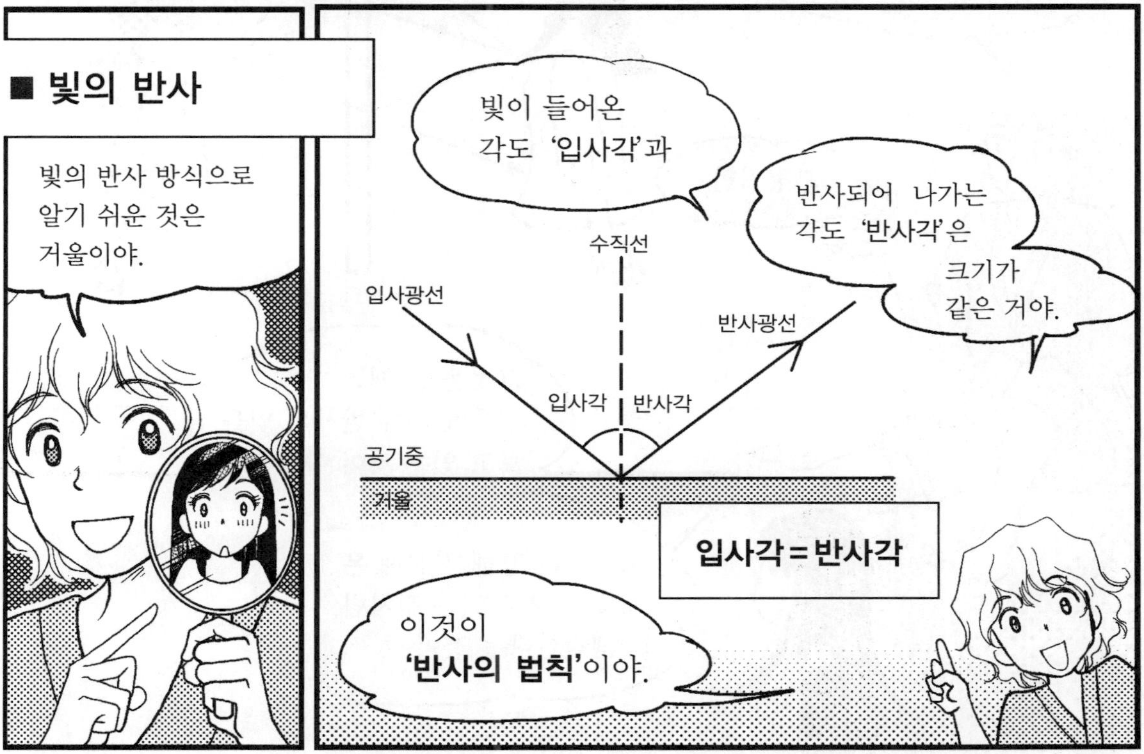

"빛의 반사 방식으로 알기 쉬운 것은 거울이야."

"빛이 들어온 각도 '입사각'과"

"반사되어 나가는 각도 '반사각'은 크기가 같은 거야."

수직선
입사광선
반사광선
입사각 반사각
공기중
거울

입사각 = 반사각

"이것이 '반사의 법칙'이야."

제1장 빛

■ 거울의 반사

실험실 : 거울로 전신을 비추기 위해서는

거울로부터의 빛의 반사에 관해 퀴즈를 낼게. 세로 길이가 다른 세 개의 거울이 벽에 걸려 있는데 전신을 비추기 위해서는 거울의 전체 길이는 얼마나 필요할까?

① 신장보다 큰 길이
② 신장과 같은 길이
③ 신장의 반 길이

아무래도 ① 아니면 ②, 적어도 신장과 같은 길이는 필요하지 않을까?

아니! 신장의 반 정도면 충분해. 정답은 ③번. 발에서 나간 빛이 거울에 닿아 반사되어 눈에 도달할 때의 광선의 코스를 그리면 그림의 BQO와 같이 되어 있어. 사람의 눈에는 빛이 직진해서 온 것처럼 보여. 빛은 마치 B′QO와 같이 온 것처럼 보이는 거지. 그러니까 신장의 반 길이의 거울이 있으면 발밑까지 보이는 거야. 이건 거울 가까이에서 자신을 비추든 멀리에서 비추든 상관없어.

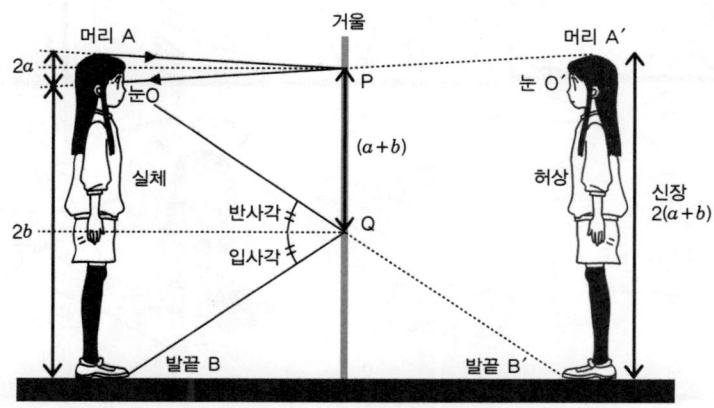

다시 말해 거울에서 반사된 모든 빛은 발에서의 빛과 마찬가지로 거울 반대쪽에서 직접 온 것처럼 느껴지지. 사람의 눈으로는 반사된 빛과 직접 온 빛을 구별할 수 없으니까 머리로 그것을 이해할 수밖에 없는 거야.

1.2 빛의 굴절

■ 입사각과 굴절각

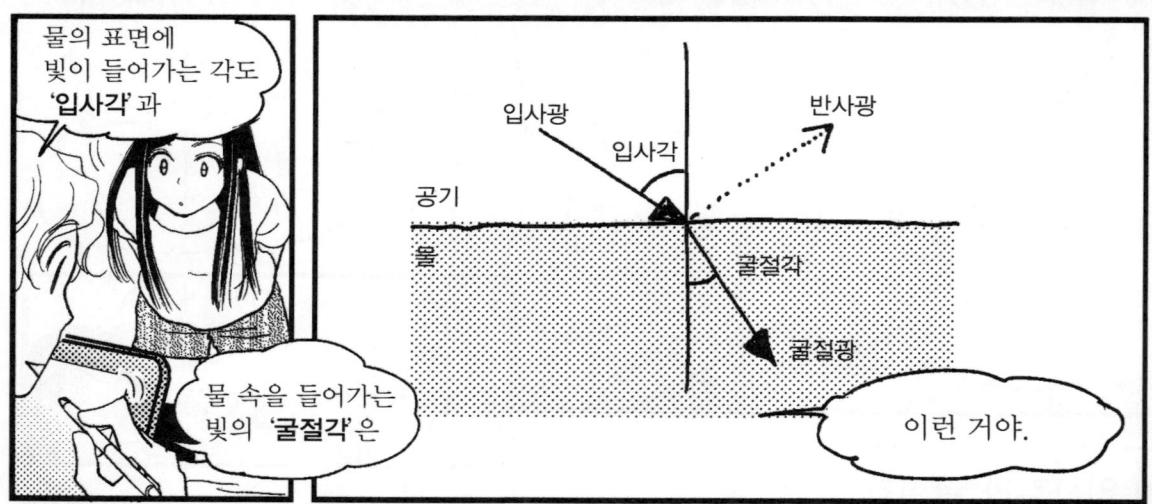

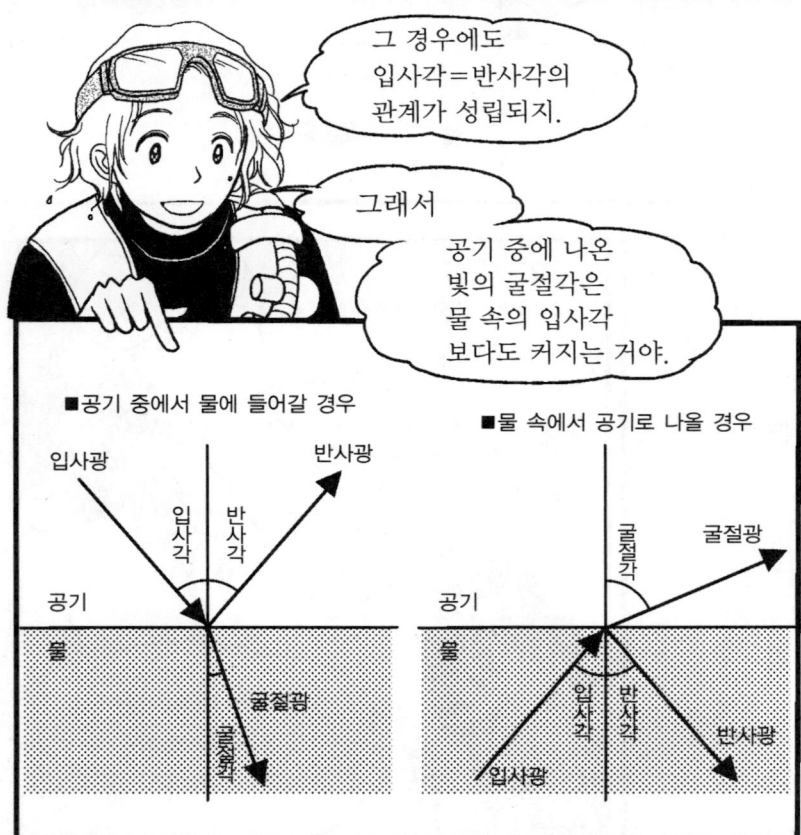

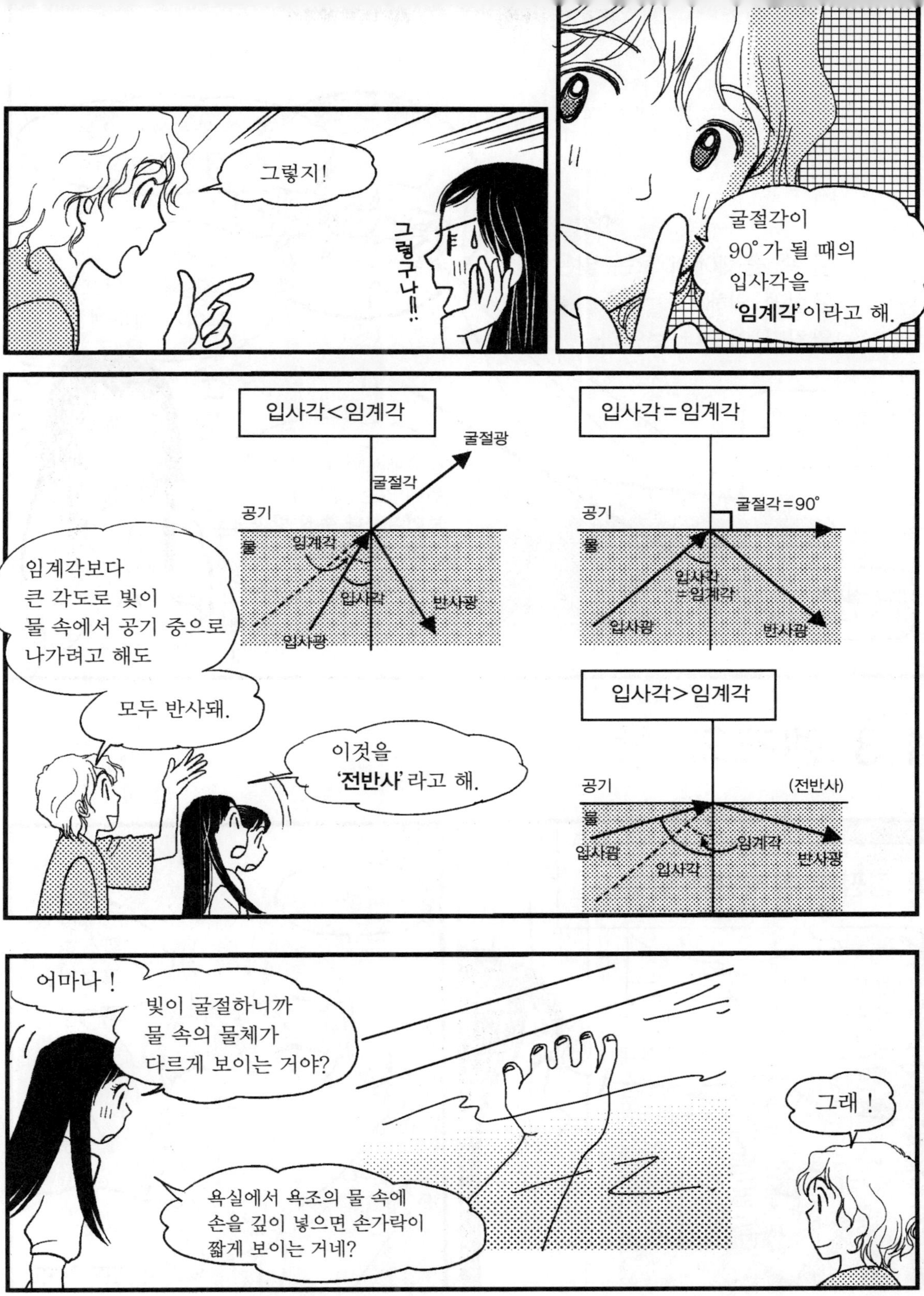

제1장 빛 21

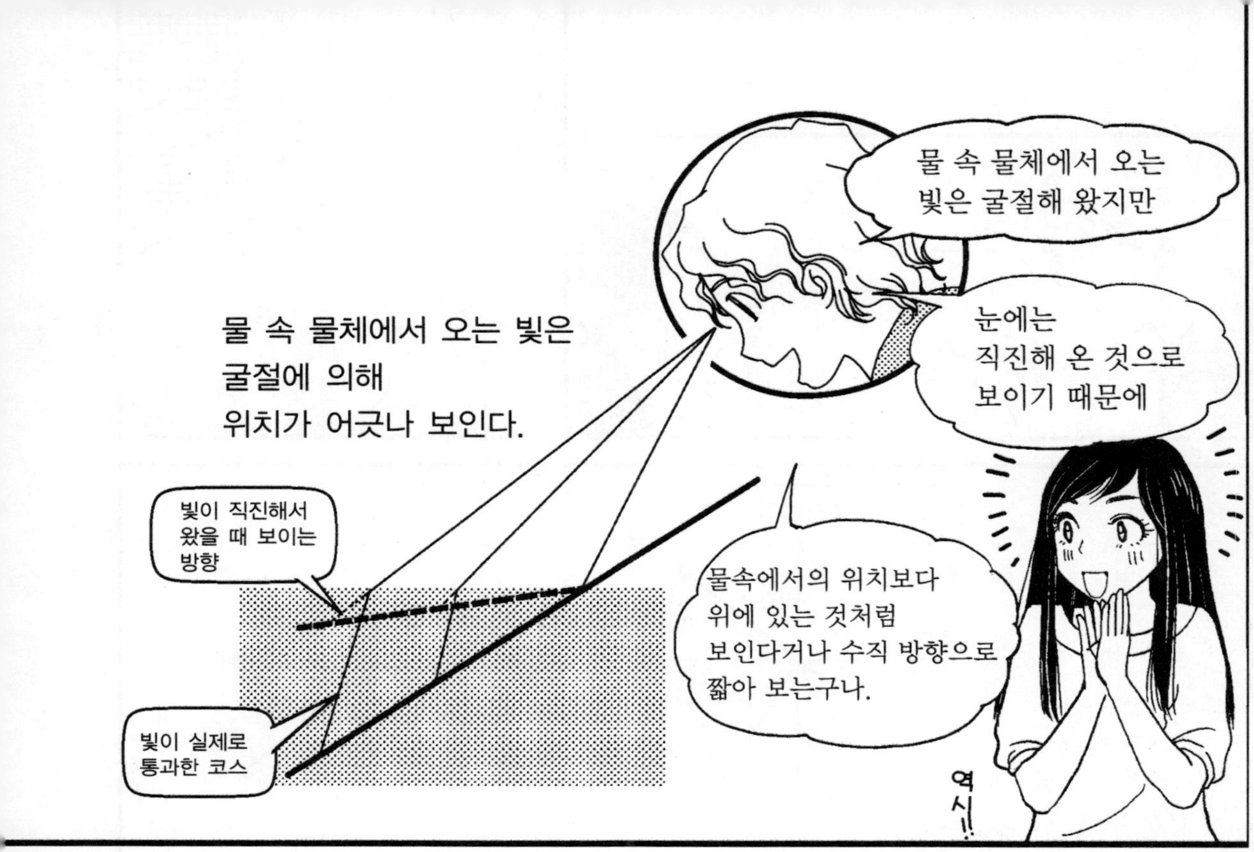

1.3 렌즈와 상

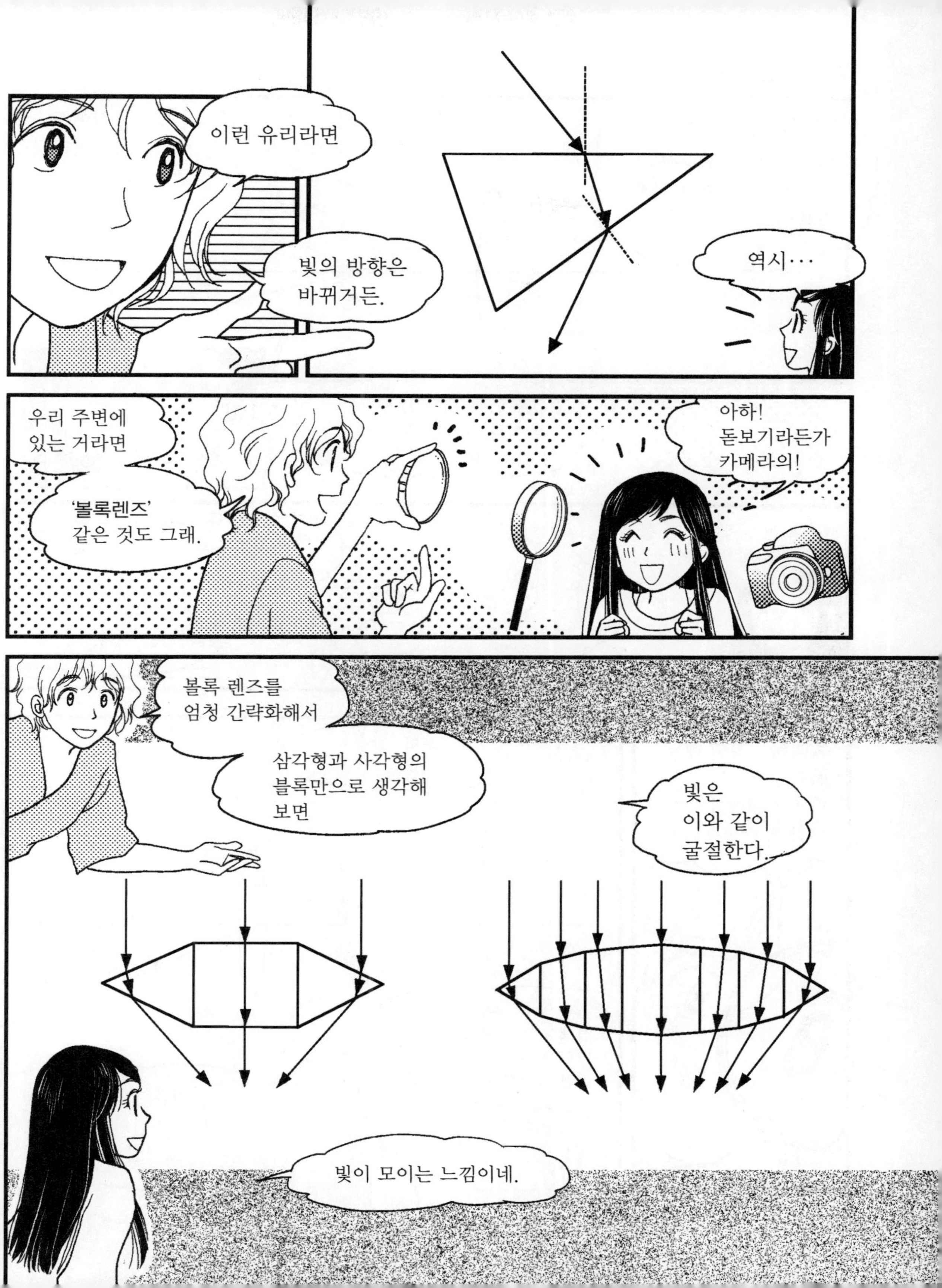

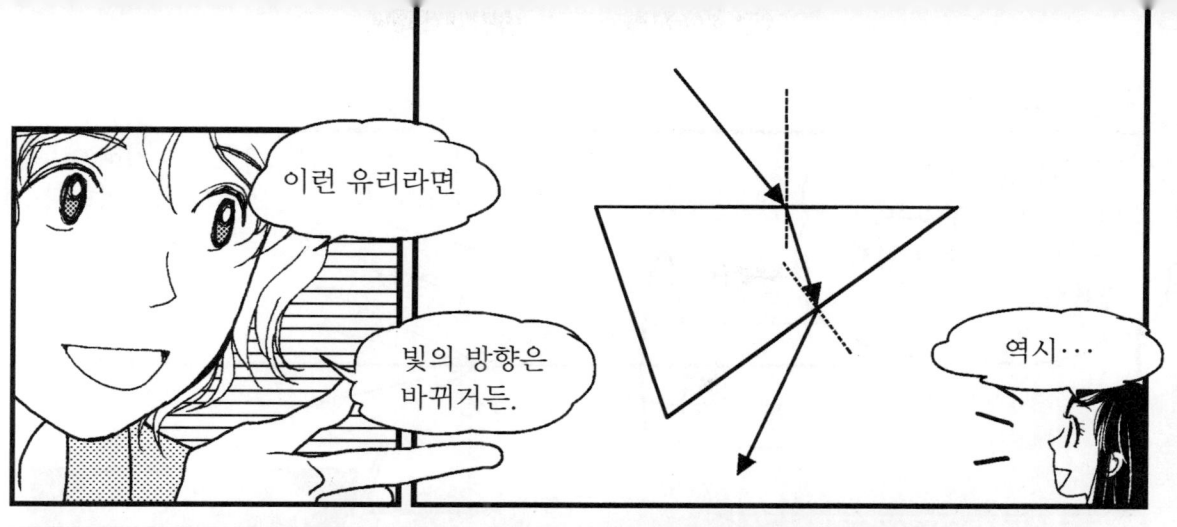

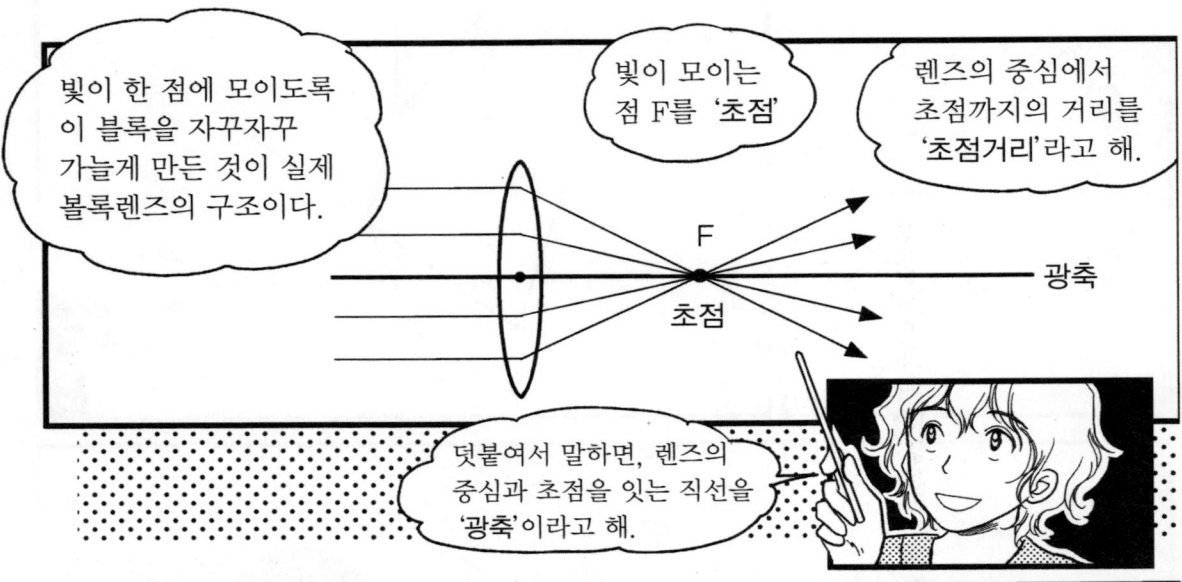

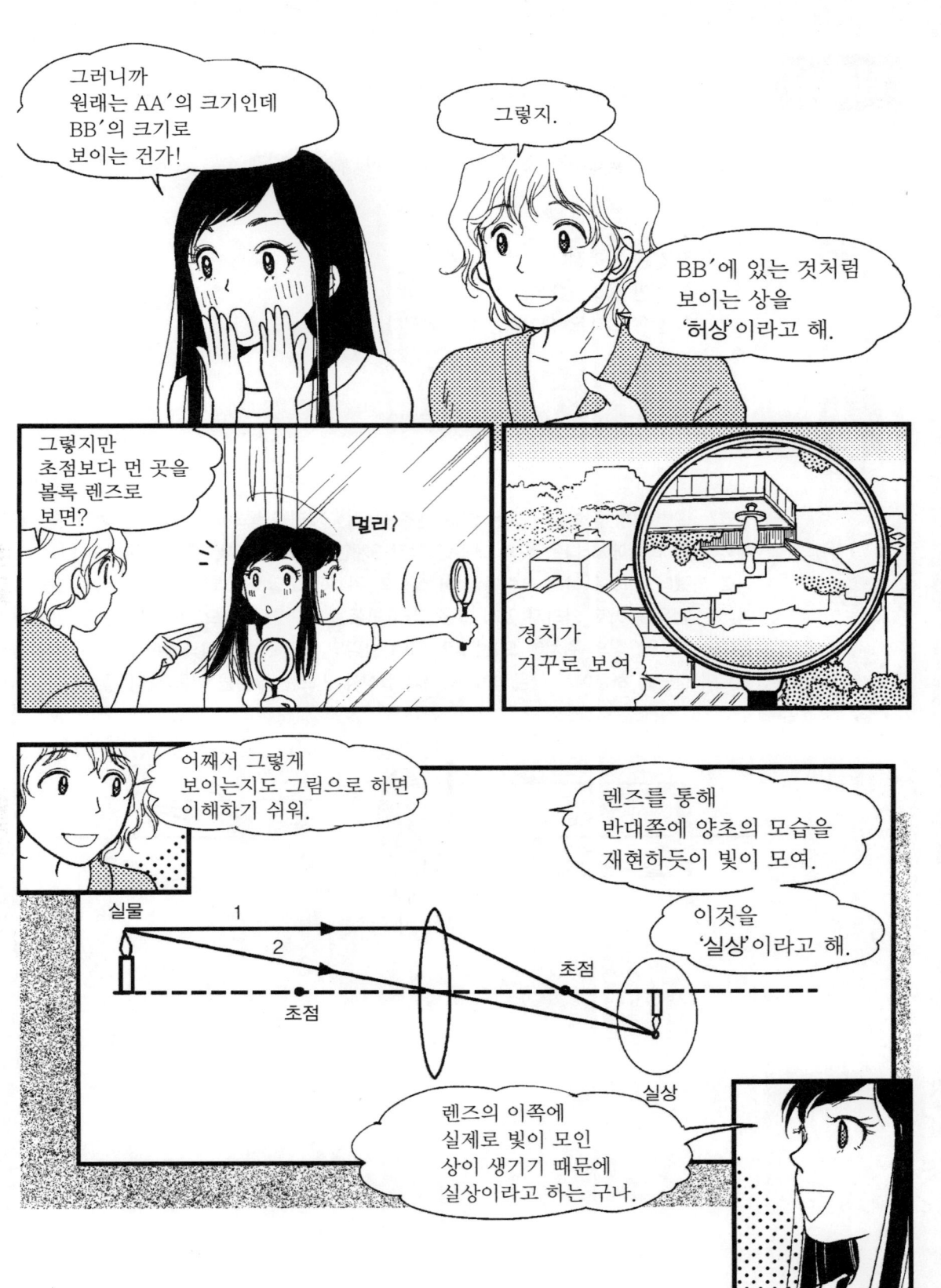

실험실   볼록렌즈가 만드는 실상에 대하여 생각해 보자

볼록 렌즈의 위쪽 반을 검은 종이로 가려 빛이 통하지 않게 하면 양초의 상(像)은 어떻게 될까?

① 상은 사라진다.
② 반만 상이 생긴다.
③ 상은 그대로 생기지만 어두워진다.

반을 가렸으니까 반만 상이 생기지 않을까?

정답은 ③번이야. 물체에서 나온 빛은 렌즈의 모든 자리를 통과해서 나가지. 여기서는 물체의 위와 아래에서 나온 빛의 코스를 각각 3개만 그렸어. 이때, 렌즈 윗부분의 반을 종이로 가렸다고 해도 아래 그림과 같이 실상의 위치에 도달하는 빛의 코스는 남겨지는 거야. 즉, 검은 종이로 가려져 있지 않은 아래 반쪽을 통과한 빛만으로도 실상은 잘 만들어진다는 것. 단, 상의 위치에 오는 빛의 양이 반감되기 때문에 실상의 밝기는 어두워지지. 물체의 상단과 하단에서 나온 빛이 나아가 실상을 만드는 부분을 어둡게 나타냈어.

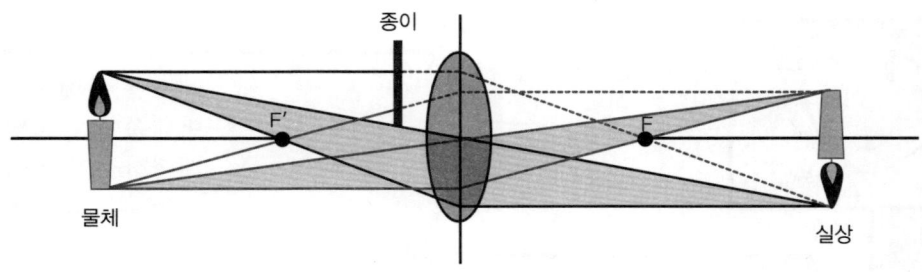

1.4 빛의 분산과 색

Follow Up

◆ 빛의 탐구 역사

빛은 우리들에게 있어 가장 소중한 존재 중의 하나이다. "빛이란 무엇인가? 어떻게 작용하는가?"하는 것은 "어떻게 사물이 보이는가"라는 의문과 결부되어 먼 옛날부터 인류의 탐구 대상이었다. 예를 들어, 고대 그리스의 철학자는 눈에서 광선과 같은 것이 나와 그것이 물체에 닿아서 보인다고 생각하기도 했다(현재는 물체에서 나온 빛을 눈이 인식하여 그것을 뇌가 처리하고 있다는 걸 알고 있다. 그러나 구체적인 뇌의 화상처리 기구는 아직 연구단계에 있다).

빛의 과학은, 우선 광선으로서의 빛의 작용을 기하학적으로 확립하는 것에서 시작되었다. 그리고, 빛의 본질에 대한 탐구가 진행되어 빛이 입자라는 설(빛의 입자설)과 파동이라는 설(빛의 파동설)과의 논쟁이 긴 세월 동안 이어졌다. 그 논쟁은 빛의 간섭이라는, 빛이 파동이 아니면 설명할 수 없는 현상을 발견함에 따라 파동설의 승리로 끝났다. 한편 물리학자는, 빛은 전자파라는 전기와 자기의 성질을 가진 파동이라는 것을 명확히 했다. 이들에 대해서는 제5장에서 설명하도록 하겠다. 제1장은 광선으로서의 빛의 작용 규칙을 설명하고 있다.

◆ 빛의 산란이 생기는 이유

아무 것도 없는 진공을 상상해 보자. 빛은 진공 속을 진행할 수 있다. 그렇기 때문에 태양계 밖의 아득히 먼 별빛이 지구에 있는 우리들에게도 미치는 것이다. 물질이 아무 것도 없는 진공을 진행할 때 빛은 직진한다(엄밀히 말하면, 별 같은 중력원에 의해 공간은 굴절되고, 빛은 그 굴절을 따라 진행하므로 완벽하게 직진하는 것은 아니다. 단, 블랙 홀 같은 매우 강력한 중력원의 옆이 아닌 한 빛의 굴절은 극히 드물고 별빛의 대부분은 직진한다고 간주해도 무방하다).

그럼, 빛은 어떨 때 방향을 바꾸는 걸까? 그것은 물질에 닿았을 때이다. 물질은 원자로 만들어져 있고, 또 원자는 플러스 전기를 띤 원자핵과 마이너스 전기를 띤 전자로 구성되어 있다. 한편, 빛은 **전자파**라는 파동의 일종이다. 전자파는, '전자' 파라는 이름대로 전기와 자기의 성질을 갖고 있다. 그 전기적 성질에 의해 전자파가 원자에 닿으면, 원자 내의 전자는 전자파에서 에너지를 받아 진동한다.[*1] 그러면, "진동하는 전하는 전자파를 방사한다."는 전자기학의 법칙에 따라 이번에는 전자가 전자파를 만들어 내어, 원자에서 여러 가지 방향으로 방사된다(그림 1). 이런 일련의 현상의 시작과 끝을 보면, 원자에 전자파가 입사하면, 여러 방향으로 전자파가 방사하게 된다. 이것이 전자파 그리고 빛의 산란의 근본적인 메커니즘이다.

만화에서 설명했듯이 빛이 물체에 닿으면 반사되거나 산란되지만, 이것을 미시적으로 보면 원자 내의 전자에 의한 빛의 산란이 원인인 것이다. 또한, 금속의 이른바 금속 광택은 금속 내를 자유롭게 돌아다니는 전자(자유전자)에 의한 산란이 원인이 되고 있다.

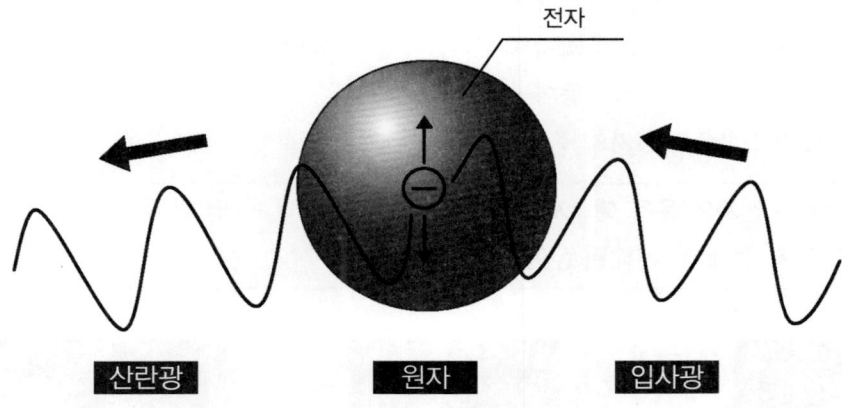

〈그림 1〉 전자파에 의해 전자는 흔들리고, 흔들린 전자가 이번에는 전자파를 방사한다.

[*1] 원자핵도 전기를 띠고 있으므로 원리적으로는 전자와 마찬가지로 전자파에 의해 요동되지만 질량이 전자에 비해 훨씬 크기 때문에(양성자의 질량은 전자 질량의 1836배), 전자에 비해 무시할 수 있을 정도의 작은 흔들림밖에 생기지 않는다.

◆ 빛의 흡수와 투명·불투명

물체에 닿은 빛은 일부가 반사되고, 나머지는 물체에 들어가려고 한다. 그 비율은 물질의 종류나 물체의 표면에 빛이 닿는 각도(입사각) 등에 따라 달라진다.

물체에 들어온 빛은 물체 내부의 원자에 의해 계속 산란된다. 앞에서 설명했듯이, 산란은 빛이 전자를 요동시킴에 따라 생기는 것이지만, 전자를 동요시킨다는 것은, 전자에 운동 에너지를 준다는 것이다. 따라서, 빛은 그만큼의 에너지를 잃는다. 요동된 전자는 원자핵과 서로 전기적인 힘을 미치게 함에 따라, 이번에는 원자 전체를 요동시키게 된다. 즉, 전자의 운동 에너지는 원자 전체의 운동 에너지로 변화하는 것이다(그림 2). 또 물체의 원자끼리는 서로 힘을 미치고 있으므로 어떤 원자가 흔들리면 다른 원자 역시 잇달아 흔들리게 되어 결과적으로 물체 전체의 원자에 운동 에너지가 널리 퍼지게 된다. 이것이 물체를 만드는 원자의 열진동이라고 하는 것으로, 물체의 온도는 이 열진동이 클수록 높아진다.

정리하면 다음과 같은 에너지의 추이가 생기게 된다.

> 빛에너지 → 전자의 운동 에너지 → 원자의 운동 에너지 → 열에너지
> (물체의 원자 전체에 분배된 운동 에너지)

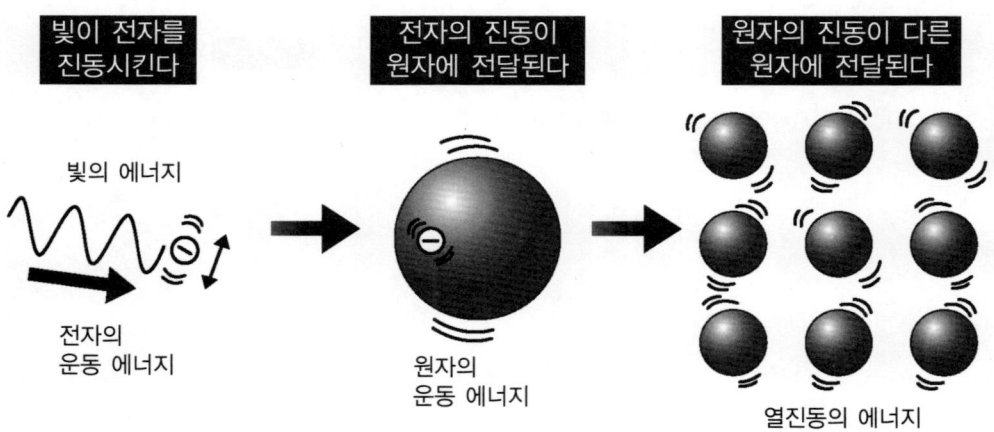

〈그림 2〉 빛의 흡수와 에너지의 추이

이와 같이 물체에 들어온 빛이 갖고 있던 에너지가 열 에너지로 변화해 가는 과정이 빛의 흡수이다.[*2]

불투명한 물체는 빛이 통과할 수 없다. 따라서 들어온 빛은 모두 흡수되게 된다. 한편 물이나 유리 같은 투명한 물체는 들어온 빛을 대부분 흡수하지 않고 통과시키기 때문에 물체 반대쪽의 경치가 비쳐 보이는 것이다. 반투명한 물체는 일정한 비율의 빛을 흡수하고 나머지를 통과시킨다.

◆ 태양광의 따뜻함

빛은 전자파라는 파동이지만 그 파장에 따라 여러 가지 성질을 나타낸다. 눈에 보이는 파장의 범위(붉은색의 약 $0.75\mu m$(마이크로미터) 정도에서 보라색 계열의 약 $0.35\mu m$ 정도까지)의 전자파를 **가시광**이라고 부르지만 가시광은 전자파의 극히 일부에 지나지 않는다.

태양은 가시광 이외의 여러 가지 파장의 전자파를 내보내고 있다. 붉은색보다도 긴 파장의 전자파를 **적외선**이라고 부른다. 태양광을 쬐고 따뜻하게 느끼는 것은 주로 적외선을 몸이 흡수하기 때문이다. 빛의 흡수 정도는 물질의 종류에 따라 달라질 뿐만 아니라 빛의 파장에 따라서도 다른 것이다.

또 보라색보다도 짧은 파장의 눈에 보이지 않는 빛을 **자외선**이라고 한다. 자외선은 화학반응을 일으키기 쉬운 빛이다. 강한 햇빛을 쬐면 피부가 타는 것은 피부가 자외선으로부터 몸을 보호하기 위해서이다. 즉, 피부가 햇빛에 타서 검게 되는 것은 자외선이 체내에 침입하여 화학반응을 일으켜 조직을 파괴하는 것을 막는 작용인 것이다.

◆ 반사의 법칙

p.13에서 배웠듯이 평평한 거울이나 유리 표면에서 반사해 오는 빛은

$$입사각 = 반사각$$

이라는 관계를 충족시킨다. 이것을 **반사의 법칙**이라고 한다. 여기서 입사각과 반사각은 〈그림 3〉과 같이 반사면에 대해 수직인 직선(법선)에서 측정한 각도로서 정의된다. 반사면에서 측정한 각도가 아니라는 점에 주의하자.

[*2] 또, 열진동하고 있는 원자에서는 적외선이 방사되어 물체의 외부로 에너지를 방출한다.

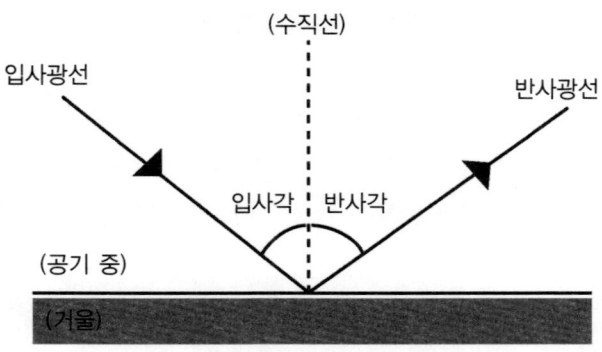

〈그림 3〉 입사각과 반사각의 관계

 그러면, 금속구나 면이 구부러진 거울 같은 곡면에서의 빛의 반사는 어떻게 될까? 이럴 경우는 광선이 닿는 장소에 접하는 평면(접평면)을 생각한다. 그리고 그 장소마다의 접평면에 반사의 법칙을 적용시키면 되는 것이다(그림 4).

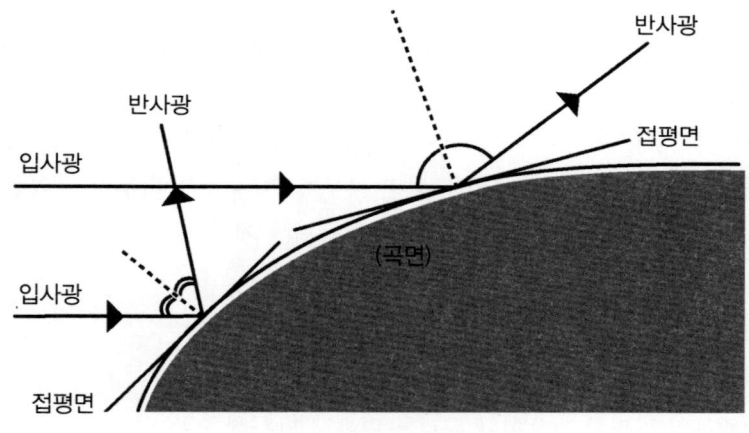

〈그림 4〉 곡면에서의 빛의 반사

◆ 외부의 밝음과 유리창에서의 반사

 실내에서 창밖의 경치를 보면, 밖이 밝은 낮에는 밖의 경치가 잘 보이지만, 밖이 어두운 밤에는 유리창이 거울처럼 실내를 비추고 밖은 좀처럼 보이지 않는다. 이것은 왜일까?
 사실, 유리창 표면에서의 빛의 반사 비율은 낮이든 밤이든 같다. 그러나 빛의 양이 다르다. 예를 들어 닿은 빛의 8할을 통과시키고 2할을 반사시키는 유리창이 있다고 하자. 그리고 〈그림 5〉와 같이 실내에서 유리창에 닿는 빛의 세기를 10, 낮에 밖에서의 빛의 세기를 100으로 한다 (이 예를 든 이야기에서는 빛의 세기의 상대적인 비율만이 의미를 가지므로 빛의 세기의 단위는 생각하지 않는다). 이때 밖의 빛은 80의 세기, 방 안의 빛은 2의 세기로 눈에 들어온다. 그렇기 때문에 밖의 경치가 잘 보이게 느껴진다. 한편 밤에는 밖의 빛이 약하게 1의 세기이지만, 방 안의 빛은 낮과 같은 10의 세기로 유리창에 닿는다고 하자. 그러면 눈에 들어오는 것은 방에서의 빛의 반사광이 2의 세기인 데 비해 밖에서 유리창을 통과해 오는 빛의 세기는 0.8이 되므로 실내에서의 반사광 쪽이 우세해져 유리창이 거울처럼 실내의 모습을 비추고 있는 것처럼 보이는 것이다.

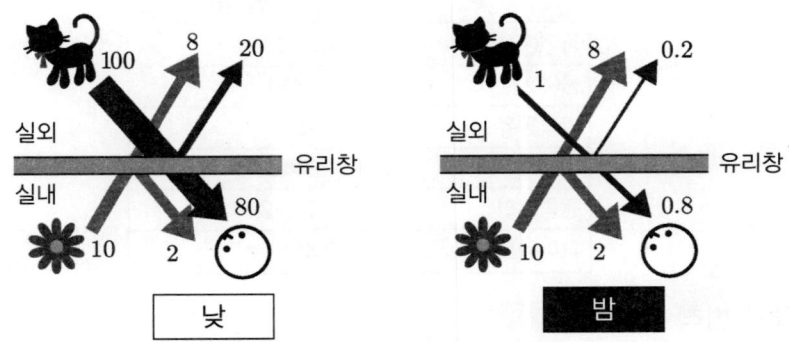

〈그림 4〉 낮과 밤에 유리창에 비치는 것이 다른 이유

◆ 빛의 속도와 굴절률

진공 속에서의 빛의 속도를 c로 나타내면,

$$c = 3.0 \times 10^8 \text{m/s}$$

라는 일정한 값이 됨을 알 수 있다. 이 속도를 상상하자면, 반경 6371km인 지구를 1초 동안에 7바퀴 반 돌 수 있는 속도임을 이해하기 쉬울 것이다.[3] 어떤 물체이든 진공 속에서의 빛의 속도를 초월하는 속도로 진행하는 일은 불가능하다는 사실이 아인슈타인의 상대성 이론에 나타나 있다. 단, 매질 속에서는 빛의 속도가 진공에서의 값과 다르다. 매질 속에서의 빛의 속도를 c'로 하면, 진공 속의 빛의 속도 c(m/s)에 대해

$$c' = \frac{c}{n}$$

로 나타낼 수 있다. 여기서 n은 매질의 **굴절률**이라 일컬어지는 양(量)이다. n은 진공 속과 매질 속의 빛의 속도의 비를 나타내는 양인데 왜 굴절률이라고 일컬어지는 것일까? 그것은 다음 항목에서 설명하듯이 매질 속의 빛의 속도가 빛의 굴절과 직접 관계가 있기 때문인 것이다.

---

[3] 이것은 어디까지나 빛의 속도를 실감하기 위해 예를 든 이야기이다. 실제로 빛은 직진하기 때문에 지구 주위를 따라 원궤도를 그리며 진행할 수는 없다.

몇 가지 매질의 굴절률을 〈표 1〉에 나타낸다. 그런데, 굴절률은 빛의 파장에 따라 달라진다. 표의 값은 파장이 583nm인 빛[*4]에 대한 값이다. 공기의 굴절률은 거의 1이지만, 이것은 공기 중 분자의 밀도가 액체나 고체보다도 훨씬 작은 것이 원인이다. 원자의 밀도가 작은 공기 중에서는, 빛은 산란되지 않고 그냥 나아가기 쉬운 것이다. 그렇기 때문에 진공에서의 빛의 속도와 거의 비슷한 속도로 빛은 진행한다. 즉 굴절률은 진공과 같은 1에 가까운 값이 되는 것이다.

〈표 1〉 굴절률의 예

물질	굴절률
공기(주1)	1.000292
물(주2)	1.3334
파라핀유	1.48
수정	1.5443
광학유리	1.43~2.14
다이아몬드	2.417

(주1) 0℃, 1 기압에서의 값
(주2) 20℃에서의 값

◆ 굴절의 법칙

빛이 유리나 물에 닿으면 빛의 일부는 반사되고 일부는 통과해 진행한다. 이 때 통과하는 빛은 닿기 이전의 방향에서 어긋난 방향으로 나아간다. 이것을 **빛의 굴절**이라고 한다. 굴절하는 각도는 매질 속을 진행하는 빛의 속도로 결정된다. 입사하는 빛이 진행하는 매질을 1로 하고, 굴절된 빛이 진행하는 매질을 2로 해서, 매질 1에서의 빛의 속도를 c_1, 매질 2에서의 빛의 속도를 c_2로 하면, 아래 〈그림 2〉의 입사각 θ_1과 굴절각 θ_2 사이에는

$$\frac{c_1}{c_2} = \frac{\sin\theta_1}{\sin\theta_2}$$

라는 관계식이 성립된다. 이것을 **굴절의 법칙**이라고 한다(**스넬의 법칙**이라고 부를 경우도 있음). 이 식은 굴절률을 이용해 다시 쓸 수 있다. 매질 1의 굴절률을 n_1, 매질 2의 굴절률을 n_2로 하면 $c_1 = c/n_1$, $c_2 = c/n_2$이므로

$$\frac{n_2}{n_1} = \frac{\sin\theta_1}{\sin\theta_2}$$

이 되는 것을 알 수 있다.

또,

$$\frac{n_2}{n_1} = n_{12}$$

[*4] 이것은 나트륨 D선이라고 부르는, 나트륨 원자에서 방사되는 빛의 파장(주황색)이다.

에 따라 매질 1에 대한 매질 2의 **상대 굴절률** n_{12}를 정의하고, 이것을 굴절의 법칙을 나타내는 데 이용할 경우도 있다. 단, 상대 굴절률은 물리적으로 본질적인 양이 아니므로 이 책에서는 쓰지 않기로 한다.

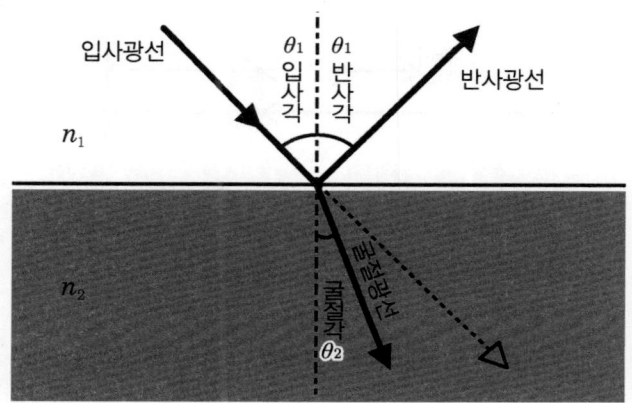

〈그림 6〉 입사각과 굴절각

◆ 렌즈의 공식

볼록 렌즈로 상을 만들 때 초점 거리를 f, 렌즈에서 실물까지의 거리를 a, 렌즈에서 상까지의 거리를 b라고 하면,

$$\frac{1}{f} = \frac{1}{a} \pm \frac{1}{b}$$

의 관계가 성립된다. 이것을 **렌즈의 공식**이라고 한다. 단, ±는 실상에 대해서는 +를, 허상에 대해서는 −를 취한다.

렌즈의 공식은 기하학적으로 구한다.

> 문 1. 렌즈의 공식을 서로 닮은 도형의 닮은 비 관계를 사용해 구하시오.

힌트

〈그림 7〉과 〈그림 8〉에서는 다음 세 가지의 조건이 성립된다.

(ⅰ) △ABO와 △A′B′O가 서로 닮은꼴

(ⅱ) △POF와 △A′B′F가 서로 닮은꼴

(ⅲ) PO=AB

이것을 이용해 a, b, f의 관계식을 이끌어 내자.

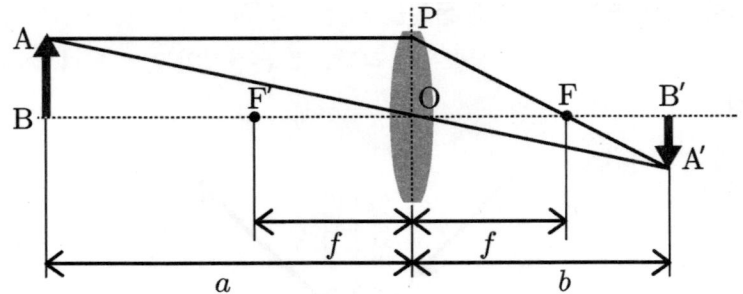

〈그림 7〉 실물과 실상의 위치관계

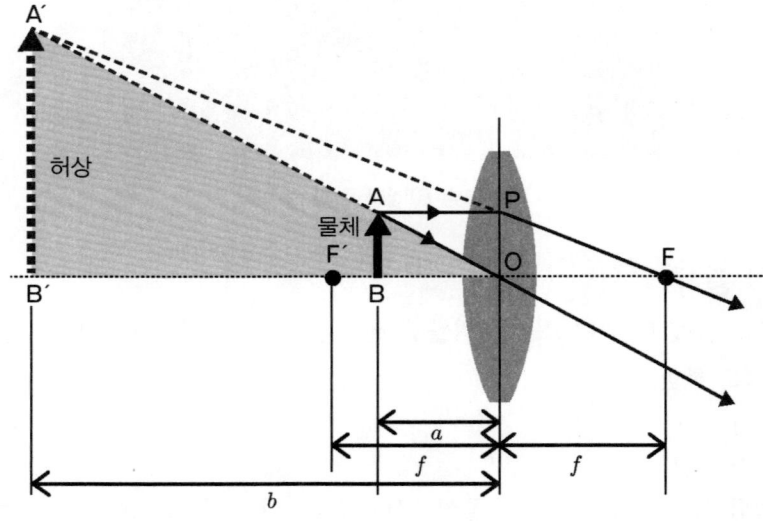

〈그림 8〉 실물과 허상의 위치관계

정답

(1) 실상을 만드는 경우(그림 7)

조건(i)에서 AB : BO=A′B′ : B′O이므로

$$\frac{b}{A'B'} = \frac{a}{AB}$$

또, 조건(ii)에서 PO : OF=A′B′ : B′F이므로

$$\frac{f}{PO} = \frac{b-f}{A'B'}$$

조건(iii)을 ②에 대입하면
$$\frac{f}{AB} = \frac{b-f}{A'B'}$$
①과 ③을 정리하면 AB와 A′B′가 소거되어
$$bf = a(b-f)$$
정리해서
$$ab = (b+a)f$$
변형하면
$$\frac{1}{f} = \frac{b+a}{ab} = \frac{1}{a} + \frac{1}{b}$$
즉, 실상일 경우의 렌즈의 공식이 나온다.

(2) 허상을 만드는 경우(그림 8)
앞 면의 (1)과 마찬가지이지만, ② 대신에
$$\frac{f}{PO} = \frac{b+f}{A'B'}$$
가 되는 것에 유의한다. 다음은 마찬가지로 계산하면 허상일 경우의 렌즈의 공식
$$\frac{1}{f} = \frac{b-a}{ab} = \frac{1}{a} - \frac{1}{b}$$
을 얻는다.

◆ 빛의 분산

색에 따라 빛의 굴절각이 다른 것을 빛의 **분산**이라고 한다. 빛의 색의 차이는 파장의 차이에 대응하고 있으므로 빛의 굴절률은 파장에 따라 달라진다. 가시광의 경우, 파장이 짧을수록 유리나 물에서의 굴절률은 커진다. 그렇기 때문에 프리즘에 백색광이 입사하면 파장이 짧은 보라색 빛이 가장 큰 각도로 굴절하고, 붉은 빛은 가장 작은 각도로 굴절하기 때문에 빨강·주황·노랑·초록·파랑·보라의 여러 색으로 나눠진 빛의 띠를 만드는 것이다. 다음에 설명하는 무지개의 경우도 마찬가지이다.

태양광과 같은 다양한 색의 빛이 모인 빛이, 프리즘을 통과하여 여러 가지 색으로 나눠지는 것은 빛이 파동임을 나타내는 증거 중의 하나이다.

Step Up

◆ 무지개의 생성법

　소나기 같은 갑작스런 비가 그친 후에 태양을 등지고 서면, 태양 반대쪽 하늘에 무지개가 보일 때가 있다. 또, 산 같은 곳에서 안개가 자욱하게 껴 있을 때 안개 속에서 무지개가 보일 때가 있다. 이때 역시 태양은 무지개와 반대쪽에 있다.

　무지개는 프리즘과 마찬가지로 태양광을 색으로 분해하지만, 모양이 아치형이 된다는 점이 다르다. 무지개의 생성법을 생각해 보자.

　무지개는 미세한 안개 모양의 물방울에 닿은 빛이 물방울 속에서 굴절과 반사를 함에 따라 보이는 것이다. 무수한 물방울의 한 알 한 알이 특수한 프리즘의 역할을 하고 있는 것이다.

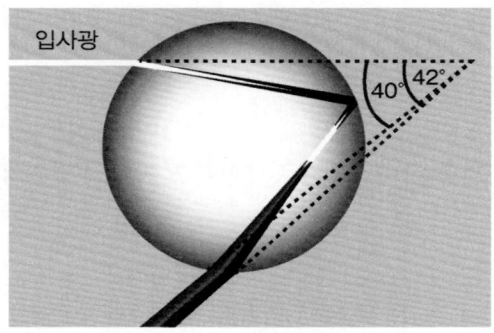

〈그림 9〉 물방울에서의 빛의 굴절·반사와 분산

　〈그림 9〉와 같이 태양광이 물방울에 들어오면 굴절하지만 거기에서 분산이 일어나 각 색으로 나눠진다. 그 후, 물방울에서 한 번 반사된다(실제로는 밖으로 나가는 빛도 있지만 그림을 단순하게 하기 위해 반사광만 그렸음). 그리고 물방울에서 나갈 때 재차 굴절한다.[5] 들어온 빛이 색으로 나눠져 나갈 때의 각도는 붉은색이 42°, 보라색이 40°(무지개 원호의 바깥쪽이 붉은색, 안쪽이 보라색)이고 다른 색은 그 사이에 보인다.

---

[5] 물방울 내에서 세 번의 반사를 받고 나오는 빛은 2차 무지개를 만든다. 이것에 비해 두 번의 반사로 만들어지는 무지개를 1차 무지개라고 한다. 2차 무지개는 태양, 물방울, 관측 지점이 만드는 각도가 51°~53°가 되는 위치에서 볼 수 있고 색의 순서가 반대로 되어 있다(쌍무지개).

먼 곳에 있는 물방울에서 오는 무지개색의 빛 중 어떤 색이 보일지는 눈에 대한 물방울의 각도로 결정된다. 붉은 빛 쪽이 큰 각도이므로 무지개 위로 보이고 보라색이 아래에 보이는 것이다. 무지개는 40°에서 42°인. 단 2° 폭 사이에 보인다.

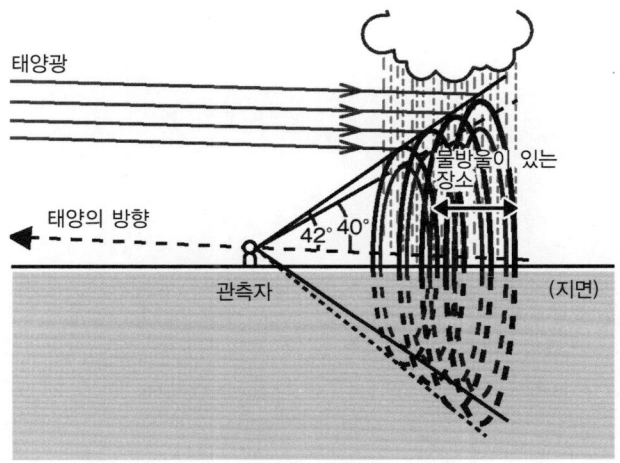

〈그림 10〉 태양과 관측자와 무지개가 생기는 장소의 관계

〈그림 10〉과 같이 무지개를 만들어 내는 것은 빗방울 같은 물방울이 많이 있는 곳이다. 단, 보라색 빛은 태양광에 대해 40°로 반사되는 모든 빗방울에서의 빛이 합쳐져 생기고, 붉은색은 42° 각도의 빛 모두가 합쳐져 생긴다. 따라서 〈그림 10〉과 같이 보는 사람을 정점으로 한 원추형 공간에 있는 빗방울 모두가 무지개를 만들게 된다. 또, 42° 쪽이 40°보다도 바깥쪽으로 원추가 생기기 때문에 무지개의 원호 바깥쪽이 붉은색, 안쪽이 보라색으로 보인다.

무지개는 인공적으로 만들 수 있다. 맑은 날에 태양을 등지고 안개 모양의 물을 뿌리면 그 속에 무지개가 보인다. 단, 물방울을 정점으로 해 태양과 눈이 40° 정도의 각도가 되는 위치에 서지 않으면 보이지 않는다. 이 각도의 관계는 정해져 있으므로 사람이 서는 위치에 따라 무지개가 보이는 위치도 달라지므로 주의한다. 분무기로 물을 뿌릴 때도 보일 수 있다. 날씨가 좋은 날에 분무기를 들고 꼭 무지개 만들기에 도전해 보자.

파동 2

2.1 파동의 기본

제2장 파동

■ 파동의 전달법

치어리딩부의 연습장면을 찍은 건데

"옆사람이 일어나면 자기도 손을 들고 그리고 몸을 굽혀"

이런 단순한 규칙으로 모두가 움직임에 따라 진동이 전달돼.

이것도 파동이네.

그치!

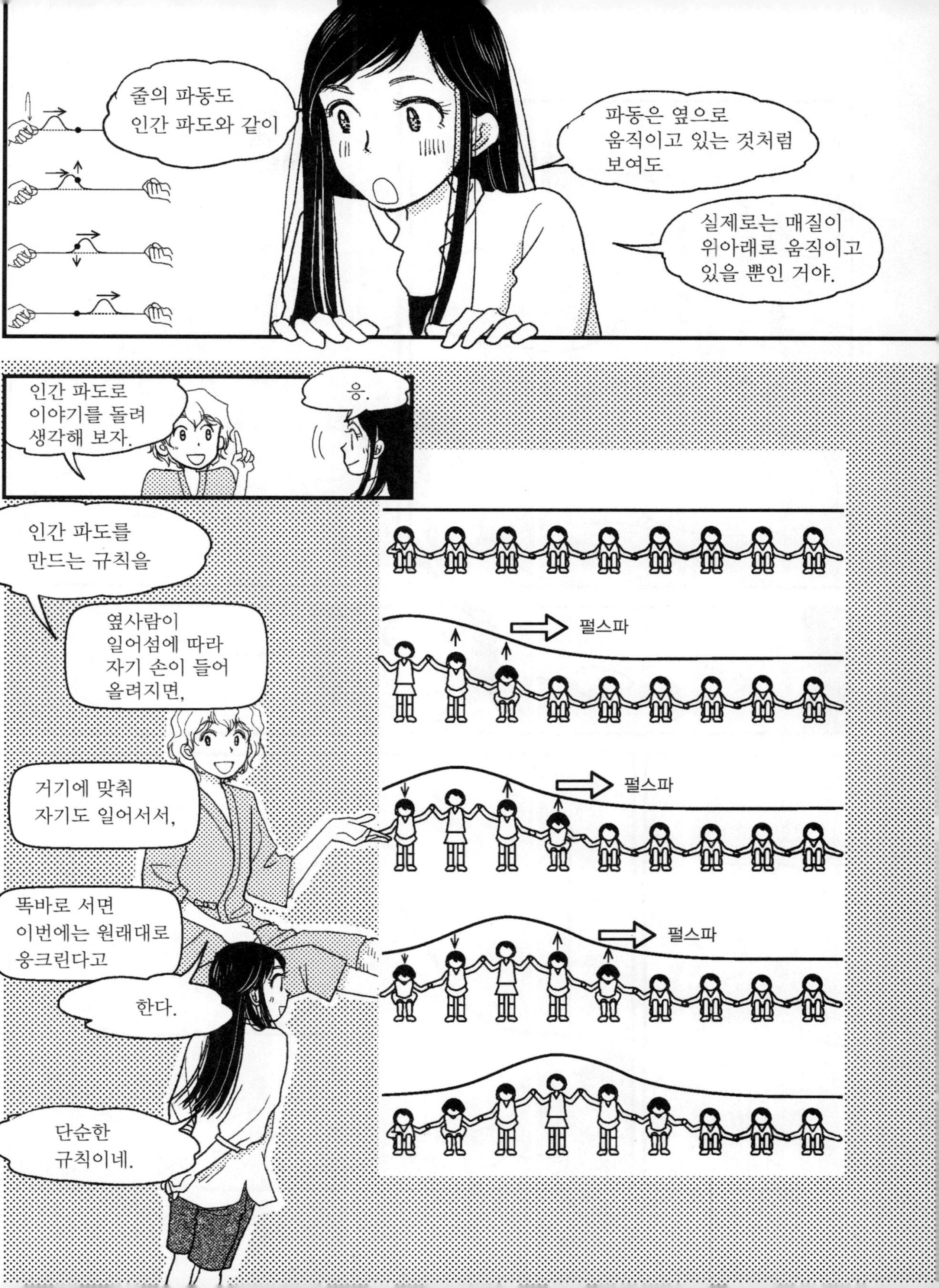

줄의 파동도 인간 파도와 같이

파동은 옆으로 움직이고 있는 것처럼 보여도

실제로는 매질이 위아래로 움직이고 있을 뿐인 거야.

응.

인간 파도로 이야기를 돌려 생각해 보자.

인간 파도를 만드는 규칙을

옆사람이 일어섬에 따라 자기 손이 들어 올려지면,

거기에 맞춰 자기도 일어서서,

똑바로 서면 이번에는 원래대로 웅크린다고 한다.

단순한 규칙이네.

펄스파

펄스파

펄스파

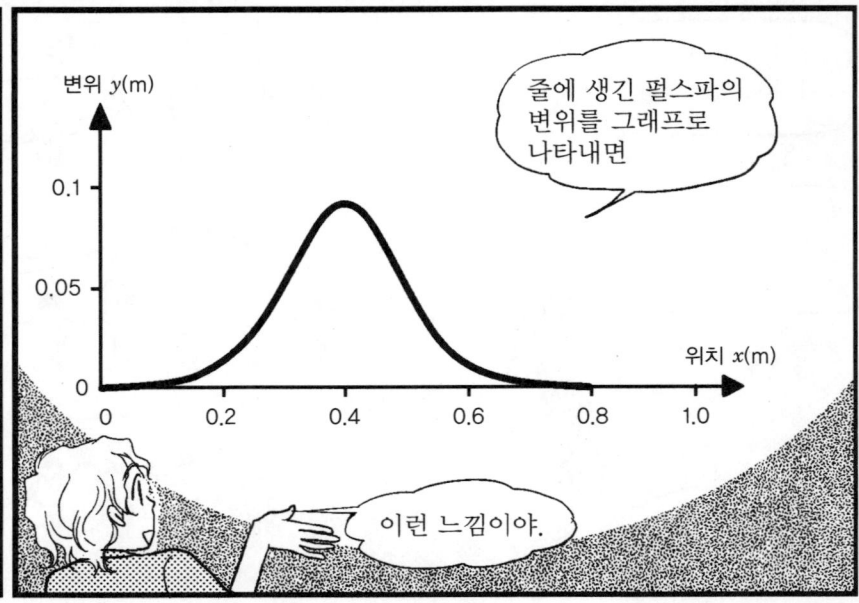

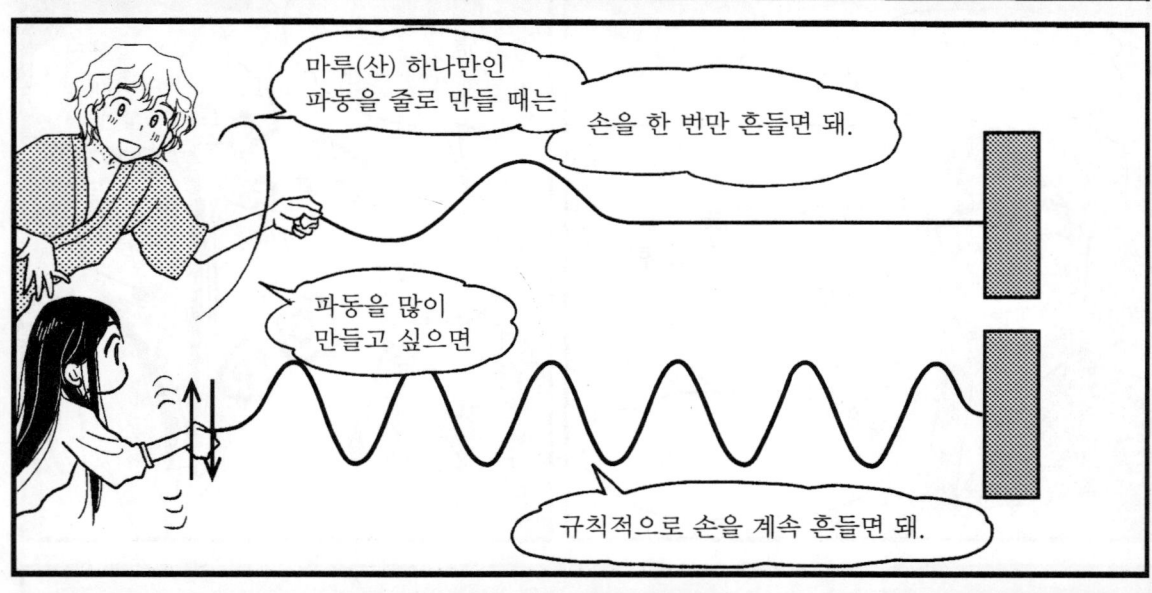

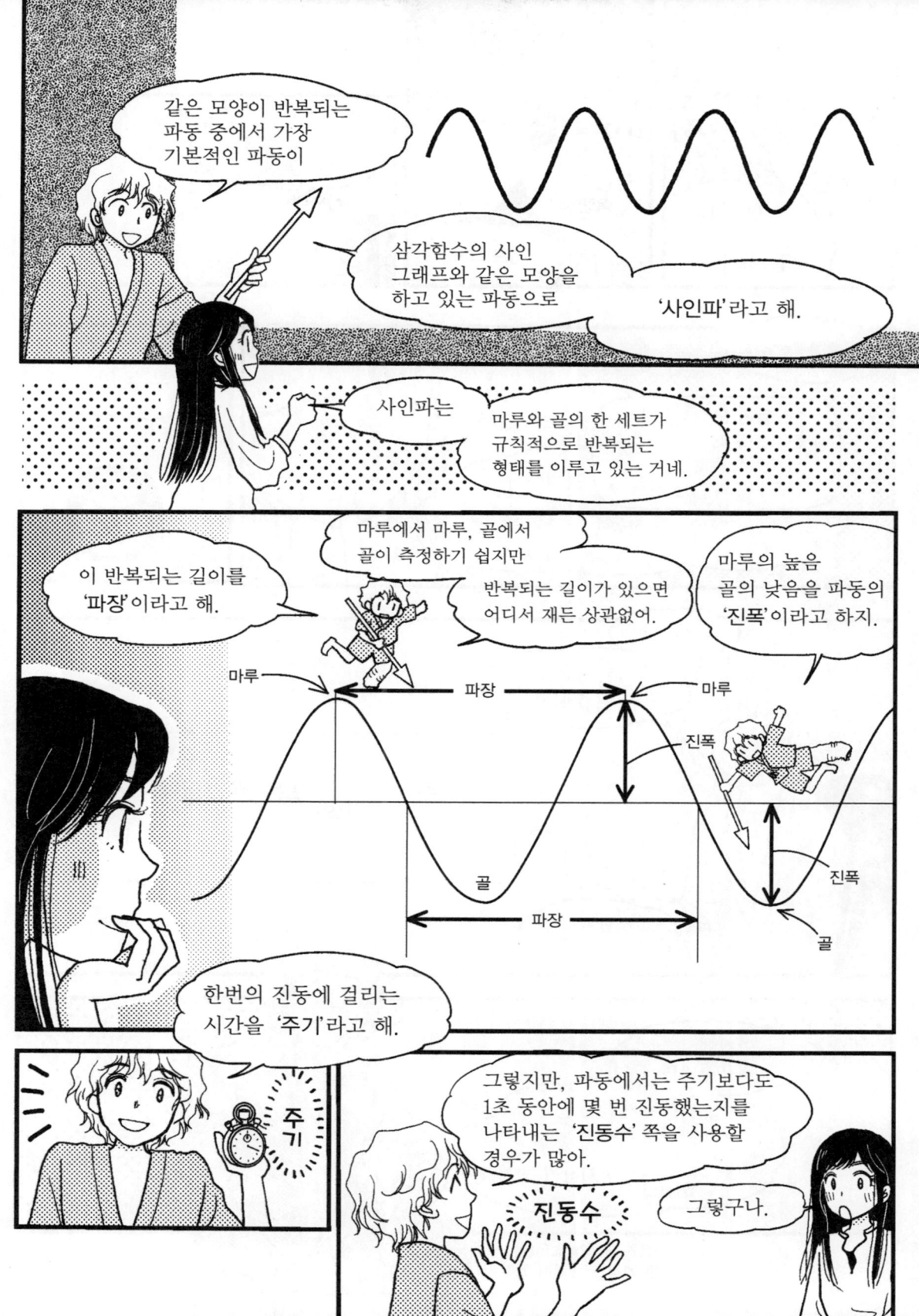

'주파수'라고 말하는 편이 익숙하려나.

주파수는 들은 적 있어!

헤르츠지?

그래! 주파수 단위는 헤르츠야.

예를 들어

1초 동안 5번 진동했을 때 생기는 파동의 진동수(주파수)는 5Hz

정의에서 진동수는 주기의 역수로 되어 있어.

무슨 말?

즉 이런 관계가 있는 것이지.

$$진동수(Hz) = \frac{1}{주기(s)} \text{ 또는 } 주기(s) = \frac{1}{진동수(Hz)}$$

정말…

여기에 적용시키면

진동수가 5Hz인 파동의 주기는 $\frac{1}{5(Hz)} = 0.2(s)$가 되지.

※ 단위 헤르츠(Hz)와 초(s)는, (s) = 1/(Hz)라는 관계에 있다.

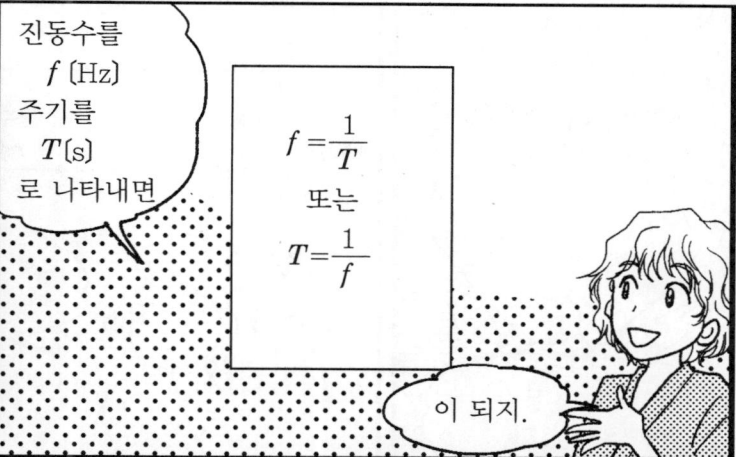

■ 파동의 속도

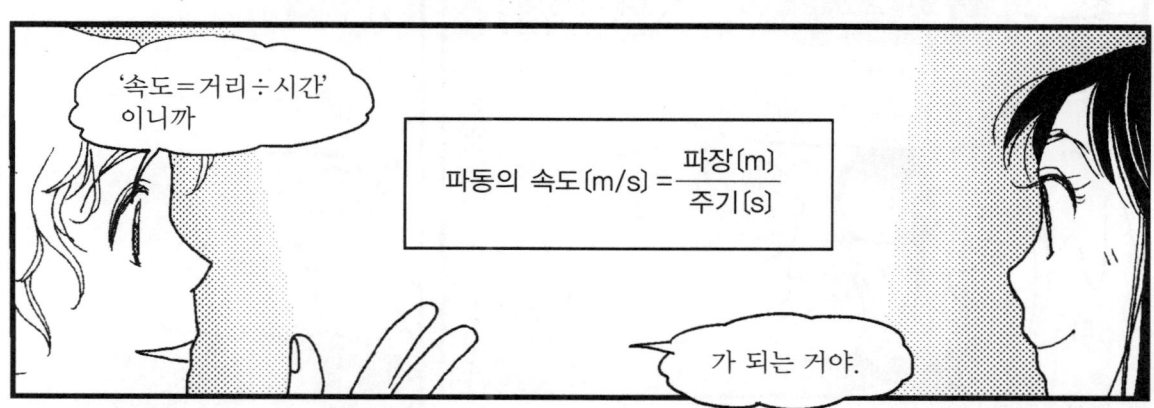

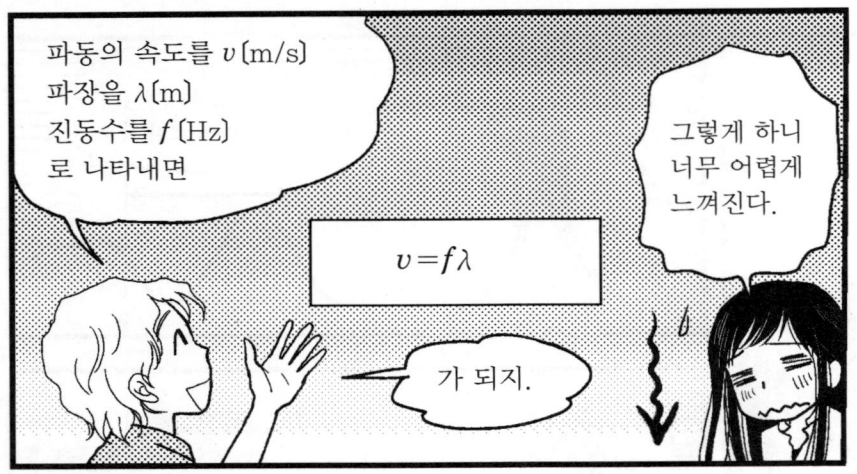

■ 파동의 그래프 : '위치-변위' 그래프와 '시간-변위' 그래프

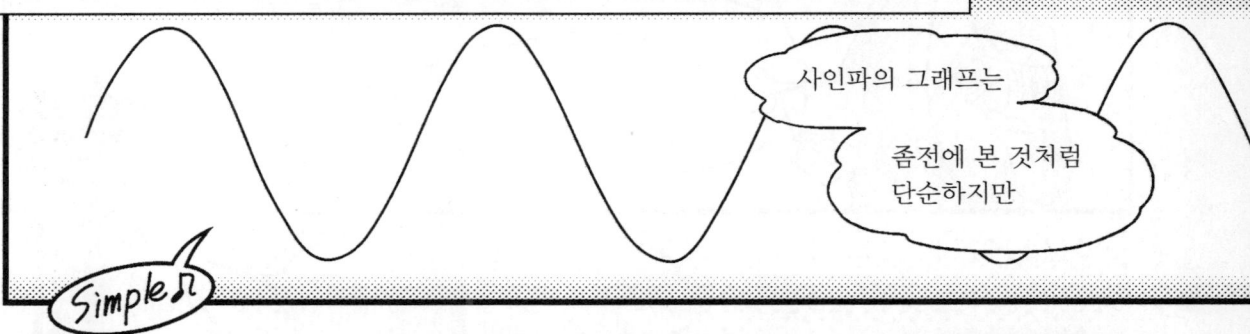

생각하는 사람인가……

물체의 운동을 그래프로 나타내는 것보다 훨씬 복잡해.

예를 들면

"던져 올린 공이 언제 어디에 있는지"를

그래프로 나타낸다고 하자.

응.

비디오로 공을 던져서 떨어질 때까지를 찍고

지익

그 동영상을 분석해서

어느 시각에서의 공의 높이를 조사하면

공 높이의 시간 변화를 나타내는 그래프를 그릴 수 있어.

그래프의 모양만 보면 이것이나 사인파의 그래프나 비슷한 느낌이 들지만…

그런데

파동의 경우는 운동하고 있는 것은 공과 같은 하나의 물체가 아니라

매질 전체겠지?

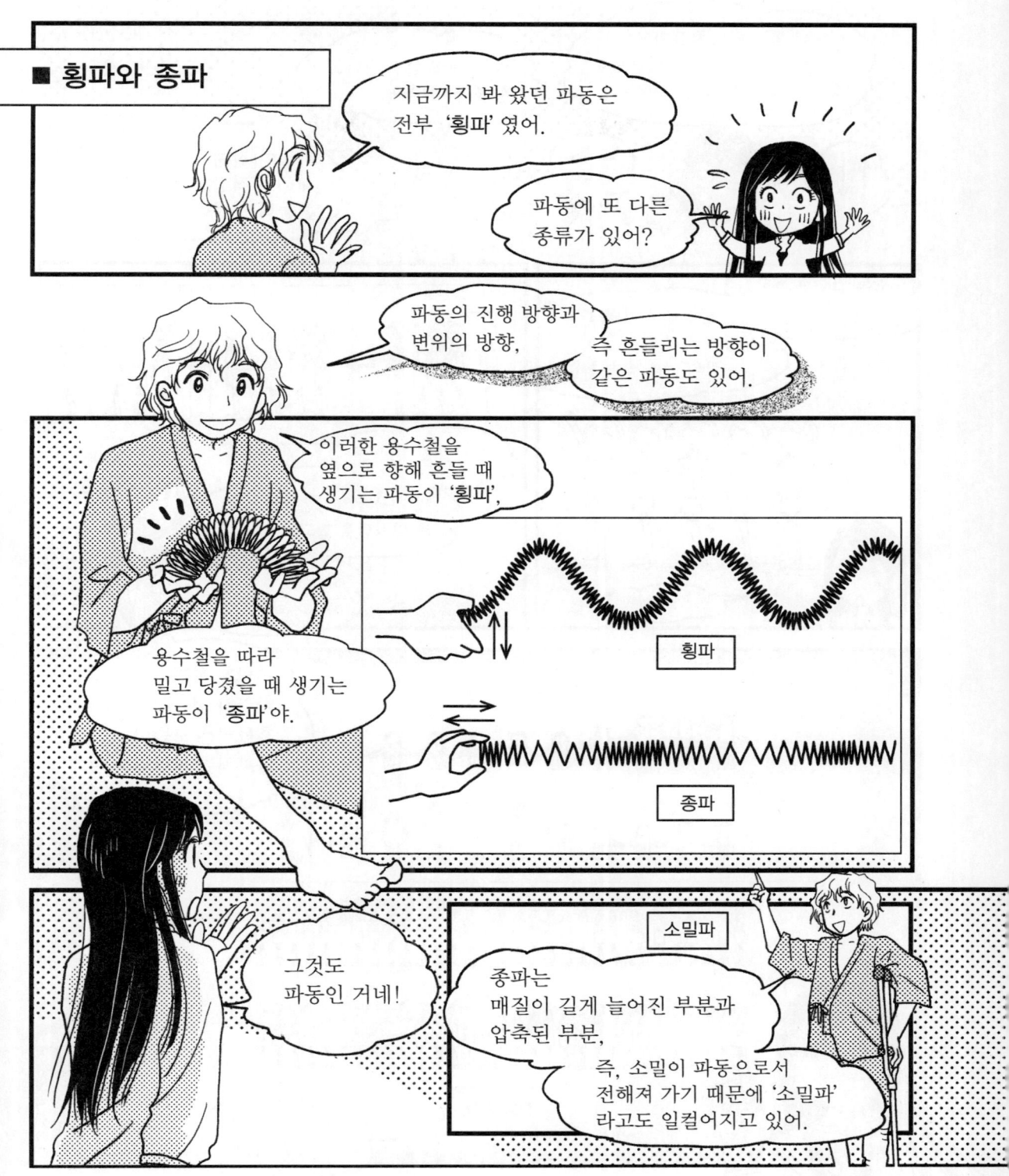

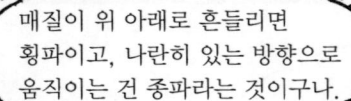

2.2 파동의 중첩

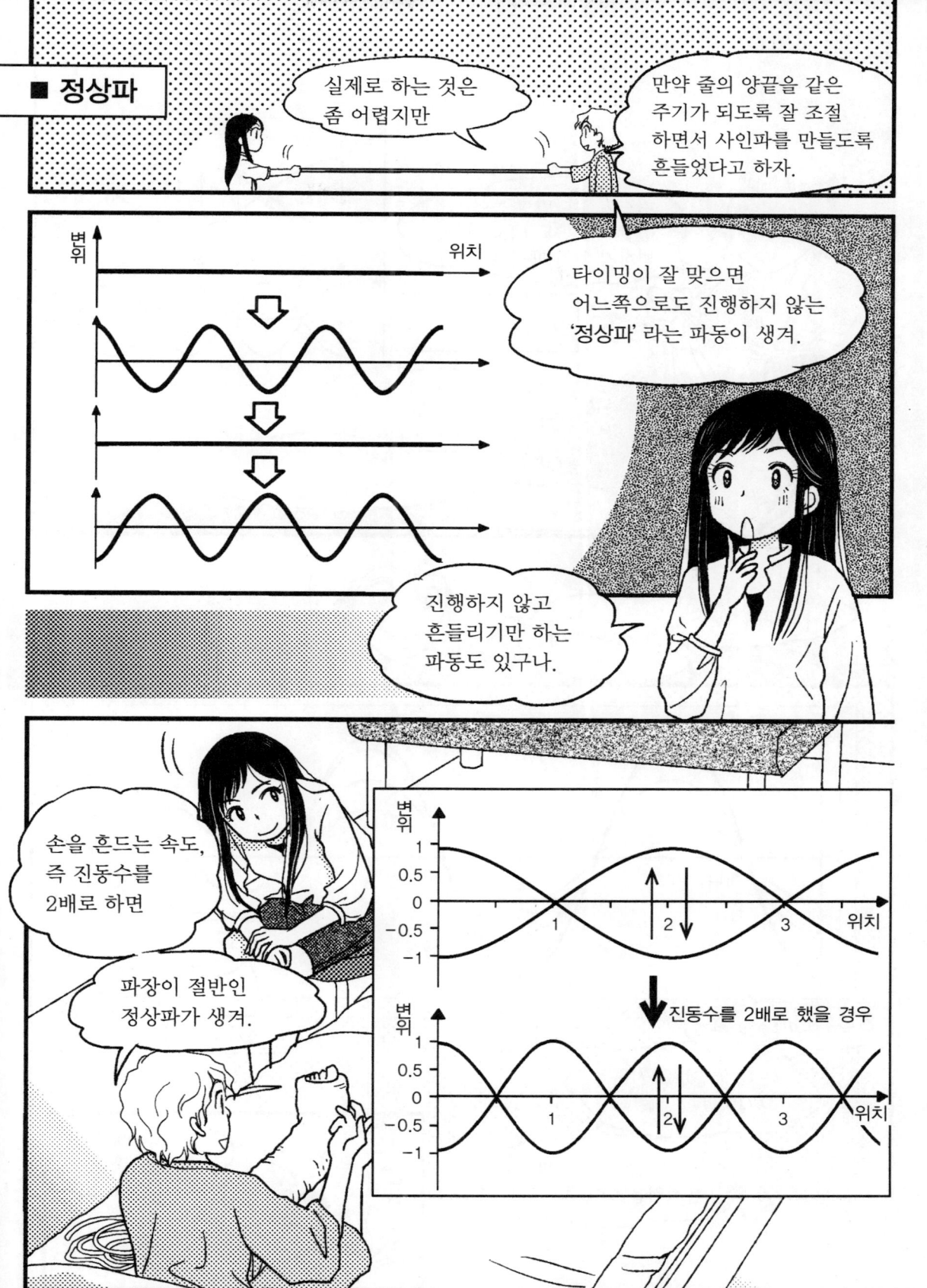

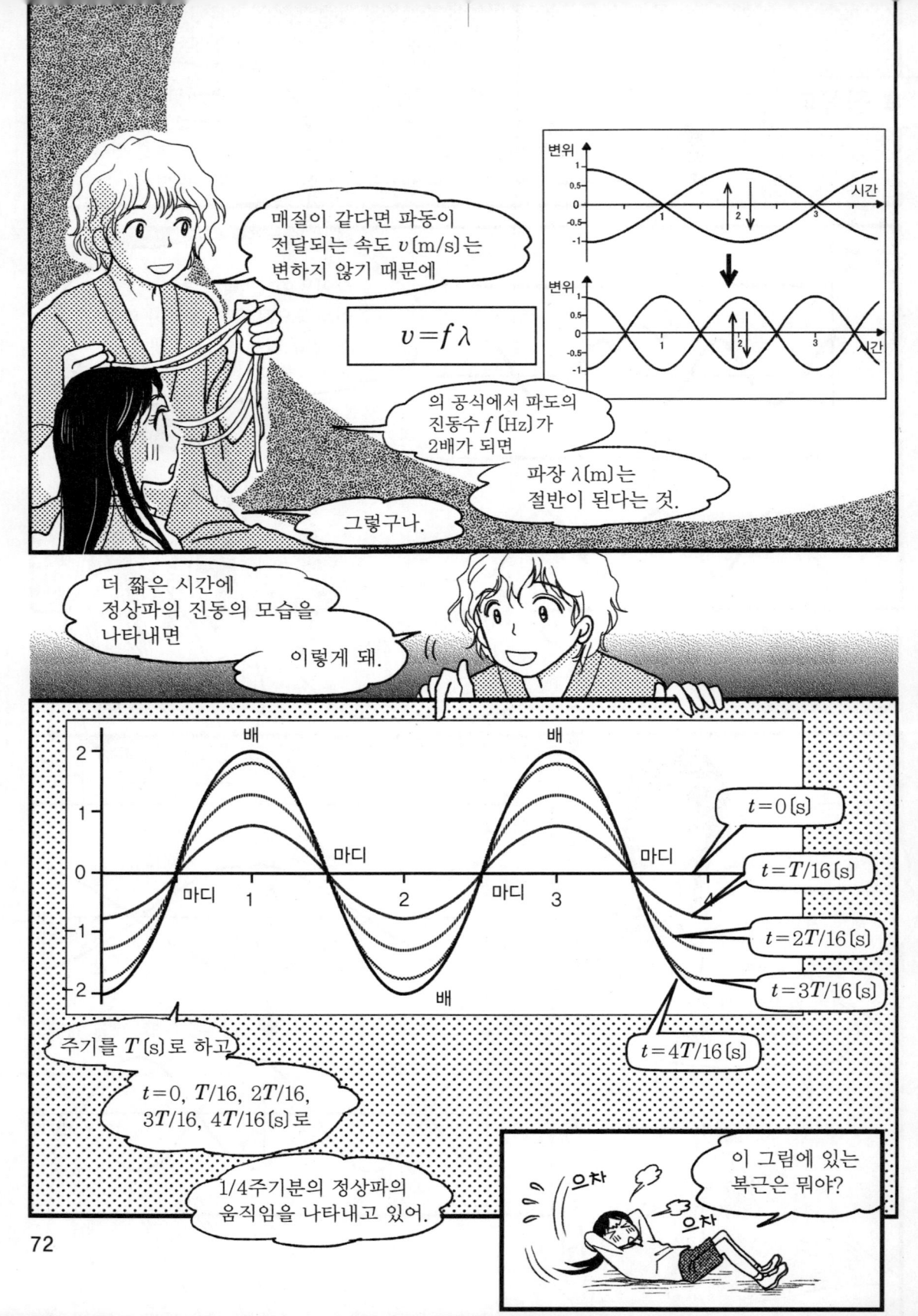

Follow Up

◆ '위치-변위' 그래프와 '시간-변위' 그래프의 관계

파동은 진동이 매질을 전달하는 현상이다. 그렇기 때문에 파동의 운동을 생각할 경우, 공과 같은 고립된 물체의 운동과는 달리 매질 전체가 어떻게 운동하는지를 생각할 필요가 있다. 그렇기 때문에 파동의 운동을 나타내기 위해서는 '위치-변위' 그래프와 '시간-변위' 그래프로 나누어 생각할 필요가 있다. 단, 두 개의 그래프는 관계가 없지 않다.

우선, 사인파의 '위치-변위' 그래프를 보자. 파동을 만드는 매질은 시시각각 움직이고 있지만 그것을 사진으로 찍으면 어느 순간의 정지된 파동의 모양이 찍힐 것이다. 이것이 '위치-변위' 그래프이다.

아래 그림의 실선과 파선의 사인파는 어느 순간 ($t=0$([s]으로 함)의 파동과 그 뒤 시간이 조금 지났을 때 파동의 '위치-변위' 그래프를 나타내고 있다. 파동은 앞을 향해 진행하는 것처럼 보이지만, 수평으로 눌린 물체와 같이 파동 전체가 수평으로 진행한다고 생각해서는 안 된다. 실제로는 매질인 x축상의 각 점은 y축 방향으로 움직이는 것이다(만화의 인간 파도를 생각해 보자). 그 움직임은 위치에 따라 변한다. 예를 들어, 그림의 점 P는 아래쪽으로, 점 Q는 위쪽으로 움직이고 있는 것이다. 마루는 아래쪽으로, 골은 위쪽으로 움직이는 것도 알 수 있다.

이와 같이 파동을 만드는 매질이 어떻게 움직이는지를 알기 위해서는, 조금 시간이 지났을 때의 파동의 그림을 그려 보면 잘 알 수 있다.

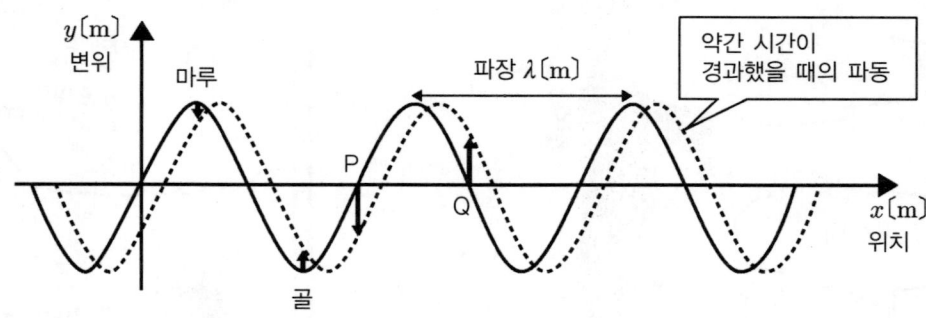

또, 점 P의 '시간-변위' 그래프는 다음 그림과 같다. '위치-변위' 그래프에서는 사인파의 파장을 알 수 있는 데 비해 '시간-변위' 그래프에서는 주기를 알 수 있는 점에 유의할 필요가 있다.

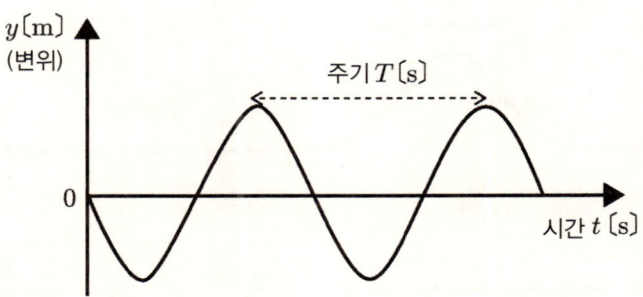

◆ 파동의 반사

매질의 끝나는 점(자유단)에서는 **파동의 반사**가 생긴다. 매질의 단이 자유로이 움직일 수 있을 때의 파동의 반사를 **자유단 반사**(自由端 反射)라고 한다. 아래 그림과 같이 자유단 반사에서는 **입사파**와 **반사파**의 마루 방향은 같아진다.

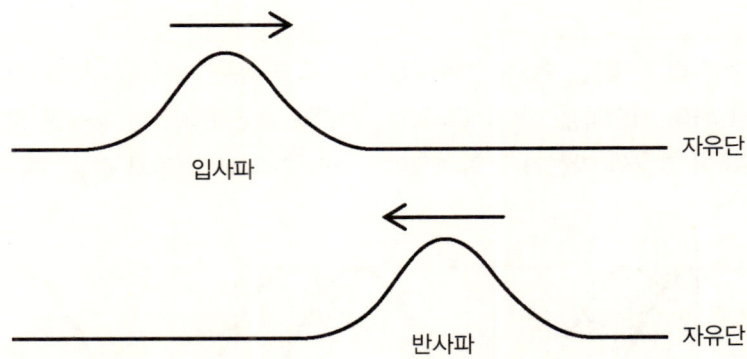

한편, 매질의 끝나는 점(자유단)이 고정되어 있을 때의 파동의 반사를 **고정단 반사**라고 한다. 다음 그림과 같이 고정단 반사에서는 입사파의 마루 방향은 반사 때 방향을 반전하여 골 방향이 된다.

고정단에서 변위의 방향이 반전하는 것은, 질량이 작은 물체가 질량이 큰 물체와 충돌하면 진행하고 있던 방향과 반대쪽으로 튕겨 나가는 것과 같은 원리인 것이다. 즉, 다음 그림에서 입사파가 상향 변위하려고 할 때 벽에 충돌하면 튀어서 하향 변위해 버리는 것이다. 그것에 비해 자유단에서는 충돌하는 것이 아무 것도 없으므로 운동 방향(변위 방향)은 변하지 않고 반사하는 것이다.

제2장 파동

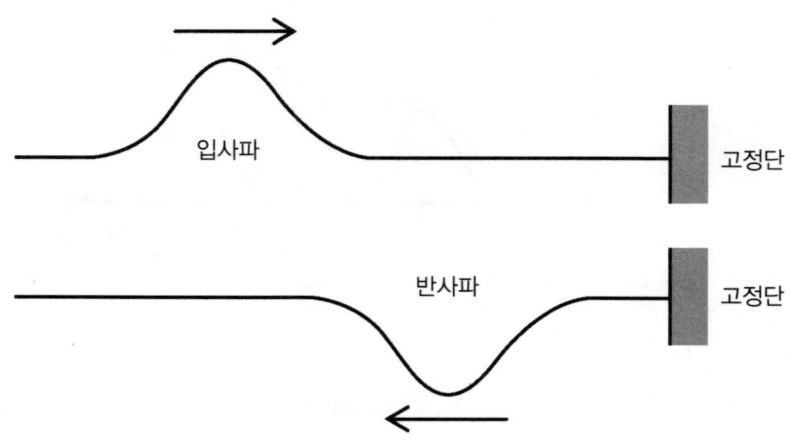

> **문 2.** 아래 그림과 같은 '위치-변위' 그래프로 나타내는 사인파가 있다. 실선은 시각 $t=0$ [s]일 때의 사인파를 나타내고 있다. 시간 $t=0.2$[s]동안에 파동은 오른쪽으로 0.1m 진행하여 그림의 파선과 같이 되었다. 이때 아래 (1)~(5)의 값을 구하시오.
>
>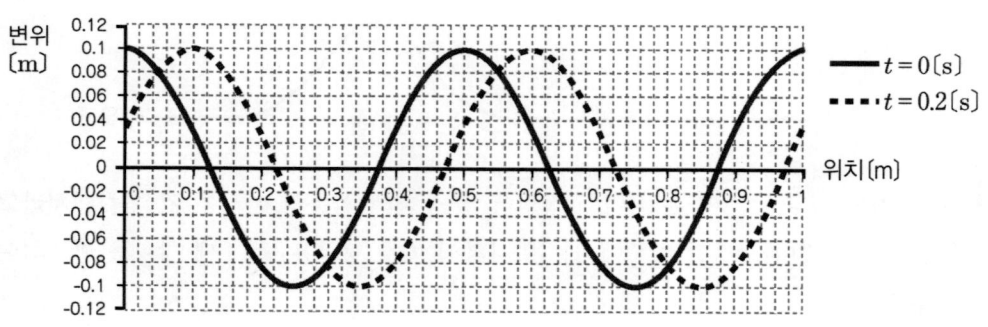
>
> (1) 파동의 진폭
> (2) 파동의 파장
> (3) 파동의 속도
> (4) 파동의 진동수
> (5) $t=0$[s]일 때와 완전히 겹쳐지는 사인파가 되는 시각

정답

(1) 0.1m(마루의 높이를 그래프에서 읽는다).
(2) 0.5m(마루에서 마루까지의 거리를 그래프에서 읽는다).
(3) 0.5m/s('파동의 속도=진행한 거리÷진행하는 데 걸린 시간'을 사용한다. 시간 0.2s에 거리 0.1m를 진행하고 있으므로 속도는 0.1m/0.2s=0.5m/s).
(4) 1Hz(공식 $v=f\lambda$에서, 진동수 f[Hz]는 $f=v/\lambda$, $v=0.5$[m/s] 및 $\lambda=0.5$[m]를 대입하면 구할 수 있다.
(5) $t=1,2,3\cdots$[s] (파동의 주기 T[s]는 $T=1/f$에서 $T=1$[s]이 된다. 주기마다 파동은 완전히 겹친다. 따라서 주기의 배수의 시간이 정답이 된다).

Step Up

◆ **운동 방정식**

물체의 운동을 생각하기 위해서는 뉴튼의 **운동 방정식**을 빠뜨릴 수 없다. 운동 방정식은,

> 물체의 질량×물체의 가속도=물체에 가해지는 힘

이라는 관계를 나타내는 방정식인 것이다(만화로 배우는 물리「역학 편」을 참조). 물체의 질량을 m[kg], 물체의 가속도를 a[m/s²], 물체에 더해지는 힘을 F[N]이라고 하면, 운동 방정식은

$$ma=F$$

라는 문자식으로 나타낼 수 있다. 이런 단 세 개의 문자로 나타내는 방정식이 공 운동에서 천체 운동까지 우리 주변에서 일어나고 있는 거의 모든 운동을 나타내고 있는 것이다. 이 장과 다음 장에서 다루는 줄이나 현, 수면에 생기는 파동이나 공기 중의 음파 역시 모두 운동 방정식에 따른 물리현상이다.

◆ **진동**

파동은 매질의 진동이 전달되는 현상이므로 파동을 깊이 이해하기 위해서는 우선 진동에 대해 이해해 두는 것이 좋다.

우리들 주변에는 흔들이(진자), 용수철, 바람에 흔들리는 나뭇가지 등, 여러 가지 진동을 볼 수 있다. 그 운동 모습을 그림의 용수철을 예로 하여 생각해 보자. 용수철에 달린 추가 정지해 있을 때 추에 더해지는 힘의 합력은 0이 된다. 또, 이때의 추의 위치를 평형 위치라고 부른다.

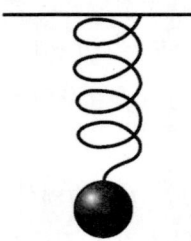

〈그림 1〉 정지해 있는 용수철과 추

평형 위치에서 추를 약간 끌어당기면 늘어난 용수철은 원래의 길이로 돌아가려고 해서 용수철이 줄어드는 방향의 힘을 추에 미친다. 그러나, 평형 위치로 돌아왔을 때의 추는 속도를 가지고 있으므로 멈추지 못하고 평형 위치를 지나쳐 버린다. 그러면 용수철이 줄어들고 줄어든 용수철이 이번에는 원래의 길이로 돌아가려고 늘어나는 방향으로 힘을 추에 미친다. 그리고 줄어든 용수철이 평형 위치로 돌아왔을 때 추는 멈추지 않고 다시 용수철이 늘어나는 방향으로 진행한다. 용수철은 이 운동을 반복함으로써 진동을 계속한다.[*1]

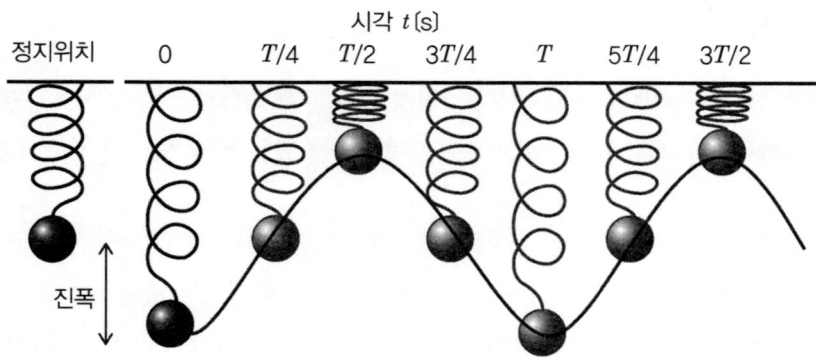

〈그림 2〉 용수철의 진동

〈그림 2〉는 용수철에 달린 추가 시간 t(s)가 변화함에 따라 어떻게 진동해 가는지를 그린 것이다(용수철의 위치는 오른쪽으로 시간의 변화에 맞춰서 그렸다). 진동의 반복 시간을 **주기**

---

*1 실제로는, 진동하는 추와 용수철은 공기 저항이나 용수철의 신축에 따른 열의 발생 등에 의해 에너지를 잃어 진동이 점점 감소된다.

라고 한다. 그림은 주기가 T(s)인 진동을 나타내고 있다. 또, 평형 위치에서 측정한 최대의 변위 크기를 **진폭**이라고 부른다.

◆ 단진동과 사인 함수

〈그림 2〉에 그려진 곡선은 시간의 변화에 따른 추의 위치 변화를 나타내고 있다. 이 곡선은 **사인 함수**라고 부르는 것이다. 사인 함수 그래프는 〈그림 3〉과 같이 반경 1인 원의 중심을 통과하는 직선이 축이 되는 각(θ로 함)을 가로축으로, 원주와의 교점인 y좌표를 세로축으로 잡았을 때 생기는 곡선이 된다. 또 사인 함수의 식은

$$y = \sin\theta$$

으로 주어진다. 또, 원주와의 교점인 x좌표를 세로축으로 잡았을 경우에 생기는 그래프는 **코사인 함수**라고 부르고

$$y = \cos\theta$$

으로 나타낸다.

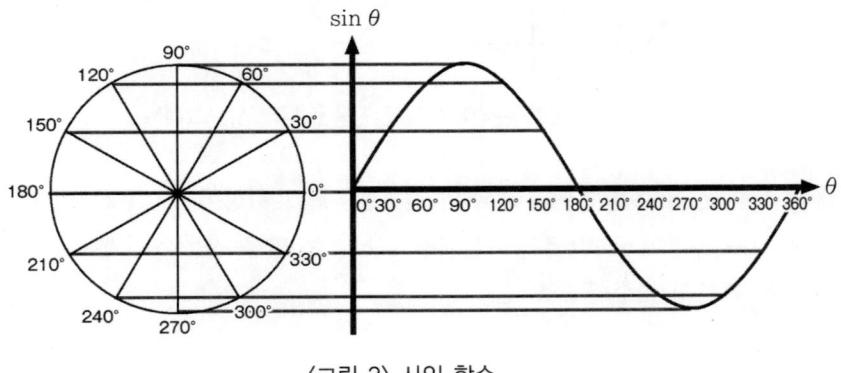

〈그림 3〉 사인 함수

삼각함수의 경우, 한 주기의 각도를 360°로 나타내는 도수법 대신에 한 주기의 각도를 2π로 하는 **호도법**(라디안, 단위는 [rad])을 사용하는 것이 일반적이다. 아래 표에 주요 각도의 도수법과 호도법의 값을 보여 준다.

도수법	0°	30°	45°	60°	90°	120°	135°	150°	180°
호도법	0 [rad]	$\pi/6$	$\pi/4$	$\pi/3$	$\pi/2$	$2\pi/3$	$3\pi/4$	$5\pi/6$	π
도수법		210°	225°	240°	270°	300°	315°	330°	360°
호도법		$7\pi/6$	$5\pi/4$	$4\pi/3$	$3\pi/2$	$5\pi/3$	$7\pi/4$	$11\pi/6$	2π

사인 함수를 사용하면, 단진동을 식으로 나타낼 수 있다. 진폭 A(m), 주기 T(s)의 단진동을 나타내는 식은, 시각 t(s)일 때의 변위를 y(m)라 하면

$$y = A \sin\left(\frac{2\pi t}{T} + \theta_0\right) \qquad (1)$$

가 된다. 여기에 θ_0(rad)는 $t=0$(s)일 때의 변위를 나타내기 위한 값으로 **초기 위상**이라고 부른다.

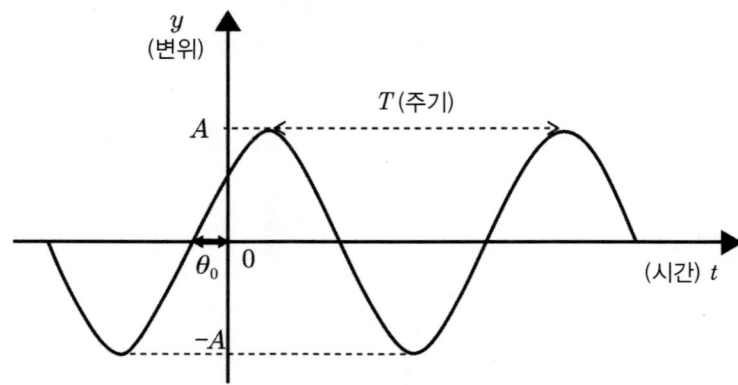

〈그림 4〉 초기 위상이 θ_0인 단진동을 나타내는 그래프

〈그림 2〉에 나타낸 용수철에 연결된 추의 진동은, 초기 위상이 $\theta_0 = -\pi/2$인 단진동에 대응하고 있다. 또, 1초 동안에 몇 번 진동하는지를 나타내는 양을 진동수라 부르고 f(Hz)로 나타낸다.[*2] 진동수는 주기의 역수이므로

$$f = \frac{1}{T} \text{ [Hz]}$$

의 관계를 충족시키고 있다. 이 식을 식 (1)에 대입하면

$$y = A \sin(2\pi f t + \theta_0)$$

이 된다. 또

$$\omega = 2\pi f$$

로 정의되는 **각진동수** ω를 도입하면[*3]

$$y = A \sin(\omega t + \theta_0) \qquad (2)$$

와 같이 간결한 식으로 나타낼 수 있다.

---

*2 진동수의 단위 (Hz)는 (1/s)와 같다.
*3 각진동수의 단위는 (rad/s)이다.

◆ 사인파의 식과 그래프

사인파의 '위치-변위' 그래프를 식으로 나타내 보면, 시각 $t=$ [s]일 때 파장이 λ [m]인 사인파가

$$y = A \sin\left(\frac{2\pi}{\lambda} x\right) \qquad (3)$$

이라는 사인함수로 표현했다. 그 그래프는 〈그림 5〉와 같다.

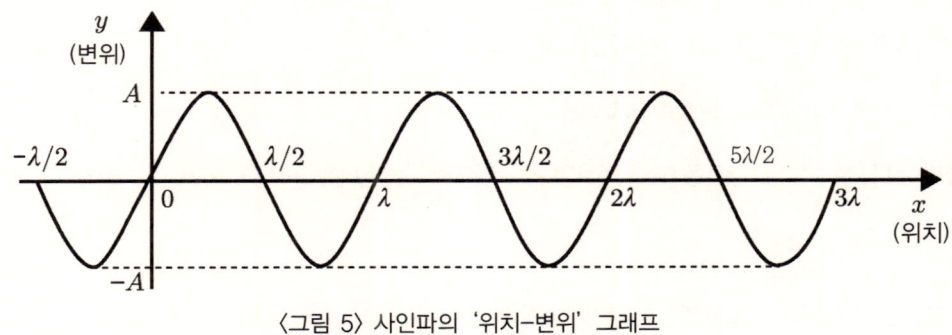

〈그림 5〉 사인파의 '위치-변위' 그래프

그리고, 이 사인파에 대해 시각 t [s]만큼 지났을 때의 '위치-변위' 그래프를 생각한다. 파동의 속도를 v [m/s]라고 하면, 이 순간의 파형은 식 (3)을 vt [m]만큼 진행되었을 것이다. 즉, x축의 양의 방향으로 vt [m]만큼 평행 이동시킨 그래프가 되어 있을 것이다. 그 모습을 나타낸 것이 〈그림 6〉이다. 〈그림 6〉의 파선은 실선의 그래프(〈그림 5〉와 같은 $t=0$ [s]일 때의 사인파)를 vt [m]만큼 평행 이동시킨 그래프를 나타낸다.

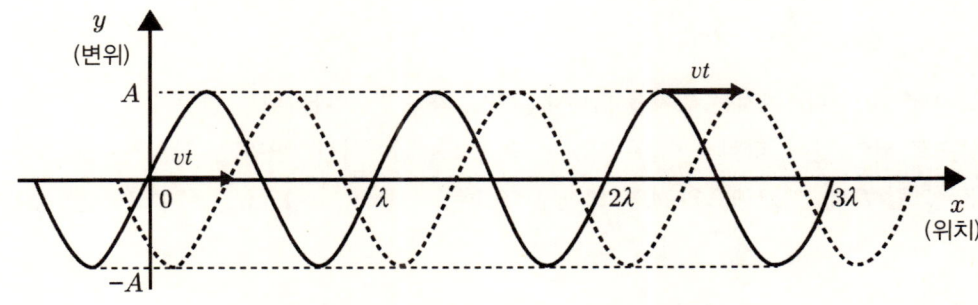

〈그림 6〉 시각 t [s] 만큼 지났을 때의 '위치-변위' 그래프

어떤 함수 $y=f(x)$를 a만큼 평행 이동시킨 함수는 $y=f(x-a)$로 나타나므로, 시각 t(s)만큼 지났을 때의 함수는 식 (3)을 vt만큼 평행 이동시킨 함수

$$y=A \sin\left[\frac{2\pi}{\lambda}(x-vt)\right] \tag{4}$$

으로 나타낸다. 이것이 〈그림 6〉의 파선으로 표시된 사인파의 그래프를 나타내는 식이다.

다음으로 '시간-변위' 그래프를 생각해 보자. 이것은 파동 전체를 바라보는 것이 아니라 어떤 한 점의 위치 운동을 나타낸 그래프였다. 예를 들어, $x=0$(m), 즉 원점에서의 매질 운동을 생각해 보자. 식 (4)에서 위치 $x=0$(m)의 운동은

$$y=A \sin\left[\frac{2\pi}{\lambda}(-vt)\right]=-A \sin\left(\frac{2\pi}{\lambda}vt\right) \tag{5}$$

로 나타낸다. 이 식은 단진동의 식과 같다. 즉, 진동수를 f(1/s)로 놓으면, $x=0$(m)지점의 매질은

$$y=-A \sin(2\pi ft) \tag{6}$$

식 (5)와 식 (6)을 비교하면, 이른바 '파동의 기본식'

$$f=\frac{v}{\lambda} \quad \text{즉,} \quad v=f\lambda \tag{7}$$

가 성립되는 것을 알 수 있다.

여기에서 강조하고 싶은 것은, 사인파의 진정한 「기본식」은 식 (4)라는 점이다. 이른바 '파동의 기본식' $v=f\lambda$는 사인파가 충족시켜야만 할 하나의 관계식에 지나지 않는다. 관점을 바꾸면, '파동의 기본식'이 성립하는 것은 사인파에서만 가능하다. 이 점에 유의한다. $v=f\lambda$를 사용하면 사인파의 식 (4)는

$$y=A \sin\left(\frac{2\pi}{\lambda}x-2\pi ft\right) \tag{8}$$

로 고쳐 쓸 수 있다. 이것은 위치를 나타내는 변수와 시간을 나타내는 변수라는, 두 가지 변수의 함수로 되어 있다. 따라서 이 두 가지 변수 x, t를 변화시킨 y변위의 그래프는 3D그래프가 된다. 〈그림 7〉에 그 그래프의 예를 보여 준다($A=\lambda=1$(m), $v=1$(m/s)로 놓고 그린 것이다).

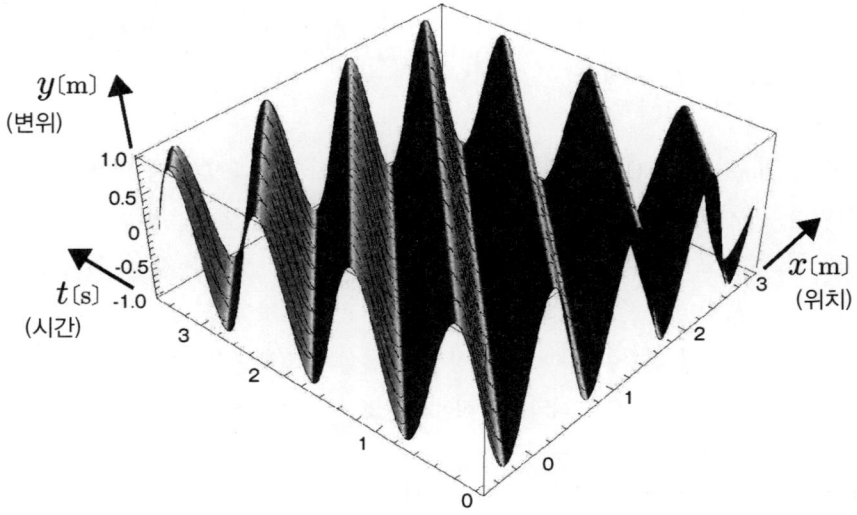

〈그림 7〉 위치와 시간이라는 두 가지 변수의 함수로서의 사인파의 변위를 나타내는 3D 그래프

◈ 정상파

p.71에서 배운 정상파를 사인파의 식을 사용해 생각해 보자.

양(+)의 방향으로 진행하는 사인파를

$$y = \sin\left(\frac{2\pi}{\lambda}x - \frac{2\pi}{T}t\right) \tag{9}$$

음의 방향으로 진행하는 사인파를

$$y = -\sin\left(\frac{2\pi}{\lambda}x + \frac{2\pi}{T}t\right) \tag{10}$$

로 둔다.

두 개의 사인파가 중첩된 파동은

$$y = \sin\left(\frac{2\pi}{\lambda}x - \frac{2\pi}{T}t\right) - \sin\left(\frac{2\pi}{\lambda}x + \frac{2\pi}{T}t\right)$$

가 된다. 이것을 사인함수의 가법 정리

$$\sin(a \pm b) = \sin a \cos b \pm \sin b \cos a$$

를 이용해 계산하면

$$y = \sin(\frac{2\pi}{\lambda}x)\cos(\frac{2\pi}{T}t) - \sin(\frac{2\pi}{T}t)\cos(\frac{2\pi}{\lambda}x) - \sin(\frac{2\pi}{\lambda}x)\cos(\frac{2\pi}{T}t) - \sin(\frac{2\pi}{T}t)\cos(\frac{2\pi}{\lambda}x)$$
$$= -2\sin(\frac{2\pi}{T}t)\cos(\frac{2\pi}{\lambda}x)$$

가 된다. 이것이 식 (9)와 식 (10)에서 나타내는 두 가지 사인파의 중첩에 의해 생긴 정상파를 나타내는 식이다. 시간적 변화를 나타내는 부분 $\sin(\frac{2\pi}{T}t)$과, 공간적인 변화를 나타내는 부분 $\cos(\frac{2\pi}{\lambda}x)$의 곱으로 표현된다는 점에 주목하자. 이 파동은 언제나 같은 위치($x = \frac{\lambda}{4}, \frac{3\lambda}{4}, \frac{5\lambda}{4}\cdots$)에서 마디가 생긴다. 즉, 진행하지 않는다.

만화에서 보여준 그림과 같은 시각에서의 정상파의 식과 그래프를 보여 준다.

〈표 1〉 식으로 나타내는 정상파의 몇 시각에서의 함수형

t	0	$T/16$	$2T/16(=T/8)$	$3T/16$	$4T/16(=T/4)$
y	0	$-2\sin(\frac{\pi}{8})\cos(\frac{2\pi}{\lambda}x)$	$-2\sin(\frac{\pi}{4})\cos(\frac{2\pi}{\lambda}x)$	$-2\sin(\frac{3\pi}{8})\cos(\frac{2\pi}{\lambda}x)$	$-2\sin(\frac{\pi}{2})\cos(\frac{2\pi}{\lambda}x)$

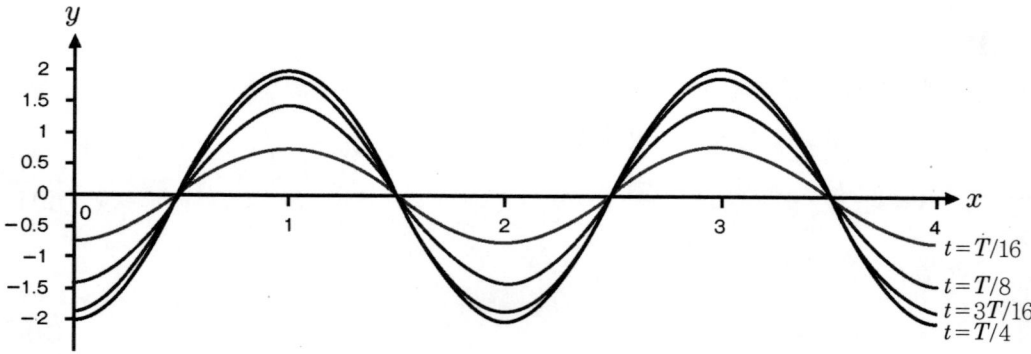

〈그림 8〉 정상파의 시간변화

Jump Up

파동 현상을 깊이 이해하기 위해서는 수식에 기초한 논의를 빠뜨릴 수 없다. 그래서, 보다 수학적인 해설을 원하는 독자를 위해 역학의 기본인 운동 방정식에 기초해서 파동 현상을 생각해 보자.

◈ 미분으로 나타낸 운동 방정식

미분 기호를 사용하면 가속도는 속도의 시간 미분, 속도는 위치의 시간 미분, 즉 속도를 v [m/s], 위치를 x [m]로 나타내면, 가속도 a [m/s²]는

$$a = \frac{dv}{dt} = \frac{d^2x}{dt^2}$$

로 고쳐 쓸 수 있다. 이것을 이용하면 운동 방정식은

$$m\frac{d^2x}{dt^2} = F$$

라는 미분 방정식이 된다.

◈ 운동 방정식과 단진동

운동 방정식을 이용해 용수철에 연결된 추의 진동을 생각해 보자. 〈그림 9〉와 같이 마찰이 없는 수평인 마루 위에 놓인 질량 m의 추가 원래의 길이가 d인 용수철에 연결되어 있다. 추의 크기는 무시한다. 추가 원래 길이의 위치(평형 위치)에 대해 y만큼 변위하고 있을 때 용수철에서 추가 받는 힘[*4]은, 용수철 상수를 k라 하면

$$F = -ky$$

가 된다. 이 식에서 는 용수철이 늘어나 있을 때는 음(−)의 방향의 힘이 되고, 줄어들 때는 양(+)의 방향의 힘이 되는 것을 알 수 있다. 즉, 항상 평형 위치로 돌아가려고 하는 방향의 힘이 추에 영향을 미치게 된다.

가속도는

$$\frac{d^2x}{dt^2} = \frac{d^2(d+y)}{dt^2} = \frac{d^2y}{dt^2} \tag{11}$$

[*4] "용수철이 미치는 힘은 용수철의 늘어남에 비례한다."는 훅(R. Hooke)의 법칙이 성립되어 있다. 또 간단하게 기술하기 위해 이하 단위를 생략한다.

로 나타내므로,[*5] 운동 방정식은

$$m\frac{d^2y}{dt^2} = -ky$$

가 된다. 여기에서 또

$$\sqrt{\frac{k}{m}} = \omega$$

로 두고 식을 정리하면

$$\frac{d^2y}{dt^2} + \omega^2 y = 0$$

이 된다. 단진동을 나타내는 식 (2)가 이 미분 방정식을 충족시키고 있는 것은 대입해서 확인할 수 있다.

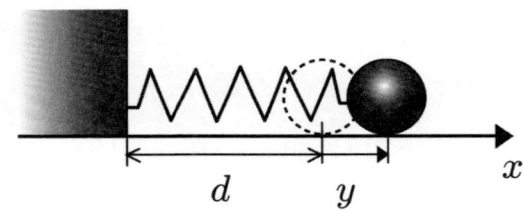

〈그림 9〉 용수철에 연결된 추

◆ 파동 방정식

〈그림 10〉과 같이 여러 개의 같은 추와 용수철을 일렬로 연결한 것을 생각해 보자. 그림은 모든 추가 평형 위치에 정지해 있는 상태를 나타내고 있다. 추와 추의 간격, 즉 용수철의 평형 상태에서의 길이는 d라고 한다(그림에서는 크게 그려져 있지만 추의 크기는 실제로는 무시할 수 있을 정도로 작다고 한다). 이 연결 물체의 추 하나를 진동시키면 그 추의 진폭에 따라 인접한 용수철이 늘어났다 줄어듦에 따라 양옆의 추가 진동한다. 그리고 진동이 잇달아 연쇄적으로 떨어진 추를 진동시킨다. 즉, 이 연결된 추와 용수철의 모델은 매질과 파동의 가장 간단한 모델이 된다.

〈그림 10〉 연결된 용수철과 추(모든 추가 평형 위치에 정지해 있을 때)

[*5] 용수철의 원래 길이를 나타내는 d는 정수이므로 미분하면 사라진다.

운동 방정식에 따라 추의 운동을 생각해 보자. 추가 x축을 따라 운동하고 있다고 생각한다 (이때 생기는 파동은 종파가 된다). n번째의 추에 주목하고 운동 방정식을 세우자. 정지하고 있을 때의 n번째 추의 위치는 $x=nd$이므로 평형 위치로부터의 벌어짐을 y_n이라고 할 때 진동하고 있을 때의 n번째 추의 위치는 $x_n=nd+q_n$이 된다. 이때 추의 가속도는 단진동일 때의 식 (11)과 마찬가지로

$$\frac{d^2x_n}{dt^2}=\frac{d^2(nd+y_n)}{dt^2}=\frac{d^2y_n}{dt^2}$$

로 나타낸다. 따라서 추의 질량을 m이라고 하면 운동 방정식은

$$m\frac{d^2y_n}{dt^2}=F_n \tag{12}$$

이 된다. 단, F_n은 n번째 추에 더해지는 힘으로, 추 양쪽의 용수철 힘으로 나타낸다. 오른쪽 용수철에서는 변위의 차 $y_{n+1}-y_n$에서 정해지는 힘 $k(y_{n+1}-y_n)$에서 x의 정방향으로 끌어당겨진다. 한편 왼쪽 용수철에서는 $k(y_{n-1}-y_n)$의 힘으로, x의 정 방향으로 줄어든다. 힘의 부호에 대해서는 "y_{n+1}이 크면 클수록 용수철에 의해 오른쪽으로 끌어당겨지는 힘이 커지므로 힘 $k(y_{n+1}-y_n)$의 부호는 플러스이다."라고 한 추론에 따라 바르게 정할 수가 있다. 양쪽 용수철에서의 힘을 합하면

$$F_n=k(y_{n+1}-y_n)+k(y_{n-1}-y_n)$$

이 된다. 이것을 식 (12)에 대입하면, 운동 방정식은

$$m\frac{d^2y_n}{dt^2}=k(y_{n+1}-y_n)+k(y_{n-1}-y_n) \tag{13}$$

이 된다. 이 식이 $n=1,2\cdots,N-1$번째 추의 변위 $y_1, y_2, \cdots y_{N-1}$에 대해 성립한다.[*6]

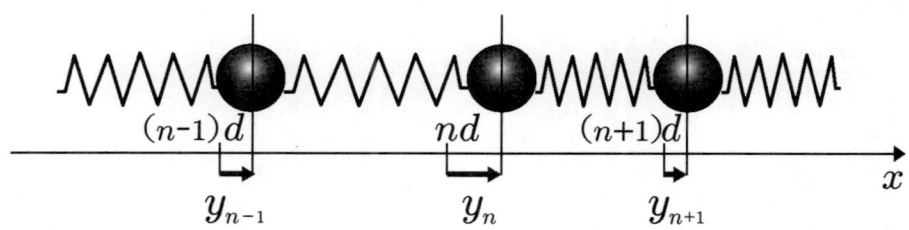

[*6] 양끝($n=0, N$)에 있는 추의 변위 식은 달라지지만 여기에서는 기억하지 않아도 된다.

다음에, 운동 방정식에서 파동을 나타내는 식을 근사적으로 구하자. 우선 y_n을 다음과 같이 치환한다.

$$y_n = u(nd, t)$$

이것은 아래첨자 n 대신에 nd로 쓰고 시각 t를 명시한 것으로 단순히 치환한 것에 지나지 않는다. 또 $nd = x$로 놓으면

$$y_n = u(x, t), \quad y_{n \pm 1} = u(x \pm d, t)$$

로 치환할 수 있는 것을 알 수 있다. 이들을 운동 방정식 (13)에 대입하면

$$\frac{\partial^2 u(x,t)}{\partial t^2} = k\{u(x+d, t) - u(x, t)\} + k\{u(x+d, t) - u(x, t)\} \tag{14}$$

가 된다. 단, 미분 기호는 변수가 두 개가 되었기 때문에 편미분 기호로 변경되어 있다. 여기까지는 단순한 치환이므로 운동 방정식 (13)과 보기에는 달라도 사실은 완전히 같은 운동 방정식을 나타내고 있는 점에 유의한다.

다음으로 식 (14)를 근사해서 파동을 나타내는 방정식을 이끌어 내자. 구체적으로는 추를 원자와 같이 작은 입자로 생각해 추와 추를 연결하는 용수철의 힘을, 늘어선 입자 사이에 작용하는 힘으로 간주하기로 한다. 이 입자간의 힘은 입자가 안정된 거리 d에서 멀어지려고 하면 인력이 되고 반대로 d에서 다가오면 반발하는 힘을 나타내게 된다. 또, 입자는 1mm 정도 길이 사이에 몇 백만 개나 줄지어 있다고 한다면 사실상 연속적으로 입자가 분포해 있다고 생각해도 된다. 이때 x는 연속적인 변수로 볼 수 있다. 그래서 $x \gg d$라는 조건하에 $u(x \pm d, t)$를 테일러 전개(부록B p.220 참조)하면

$$u(x \pm d, t) \approx u(x, t) + \frac{\partial u(x, t)}{\partial x}(\pm d) + \frac{1}{2}\frac{\partial^2 u(x, t)}{\partial x^2}(\pm d)^2$$

이것을 식 (14)에 대입하면

$$m\frac{\partial^2 u(x, t)}{\partial t^2} = kd^2 \frac{\partial^2 u(x, t)}{\partial x^2}$$

가 된다. 또

$$v = \sqrt{\frac{kd^2}{m}} \tag{15}$$

로 두면

$$\frac{1}{v^2}\frac{\partial^2 u(x, t)}{\partial t^2} = \frac{\partial^2 u(x, t)}{\partial x^2} \tag{16}$$

가 된다. 이 식 (16)을 **파동 방정식**이라 부른다.

◆ 횡파의 파동 방정식

앞의 생각을 응용하여 횡파에 대한 파동 방정식을 유도해 보자. 장력 T인 팽팽하고, 균일한 선밀도 ρ인 현에 생기는 횡파를 생각한다. 현을 길이 d의 매우 작은 조각으로 분할하고, 또 작은 조각을 이산화하여 질량 m인 질점의 모임으로 간주하기로 한다. 〈그림 11〉은 현에 파동이 생기고 있을 때의, n번째 질점으로 본 작은 조각 부근을 확대한 모식도이다. x방향의 좌표에서 보면 길이 d마다 질점이 줄지어 있게 된다. 진폭이 작을 때 x방향에는 똑같은 크기의 장력 T가 각 질점의 좌우로 더해져 있다고 생각해도 되므로 x방향의 변위는 무시할 수 있다. 한편, 변위를 나타내는 x방향의 힘은 균형이 잡히지 않고 이것이 각 질점 방향의 진동을 일으킨다.

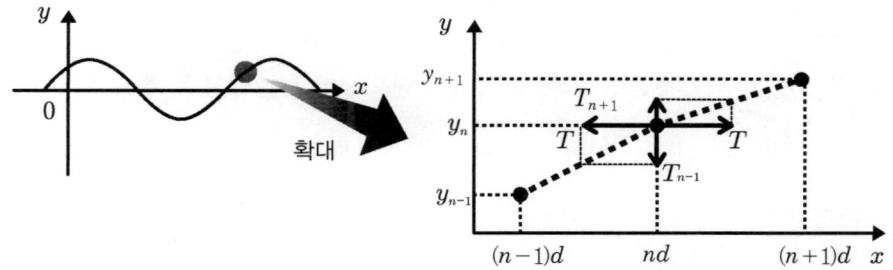

〈그림 11〉 현에 생기는 횡파와 미소 부분에 더해진 힘과 변위

〈그림 11〉과 같이 좌표를 그리면 n번째($x=nd$)에 위치하는 질점의 운동 방정식은 식 (12)와 같은

$$m\frac{d^2y_n}{dt^2}=F_n$$

이 된다. 단, 힘 F_n은 y방향으로 더해지는 힘

$$F_n=T_{n+1}-T_{n-1}$$

을 나타낸다. T_{n+1}, T_{n-1}은 삼각형의 닮은 비를 이용하여

$$\frac{T_{n+1}}{T}=\frac{y_{n+1}-y_n}{d},\ \frac{T_{n-1}}{T}=\frac{y_n-y_{n-1}}{d}$$

을 충족시킴을 알 수 있다. 따라서

$$T_{n+1}-T_{n-1}=\frac{T}{d}(y_{n+1}-y_n)-\frac{T}{d}(y_n-y_{n-1})$$

이 된다. 이것을 운동 방정식에 대입해서

$$m\frac{d^2y_n}{dt^2} = \frac{T}{d}(y_{n+1}-y_n) + \frac{T}{d}(y_{n-1}-y_n)$$

을 얻는다. $k=T/d$로 두면, 위의 식은 식 (13)과 일치한다. 따라서 이 후엔 앞 절과 완전히 같은 계산을 함에 따라 파동 방정식

$$\frac{1}{v^2}\frac{\partial^2 u(x,t)}{\partial t^2} = \frac{\partial^2 u(x,t)}{\partial x^2}$$

를 도출해 낼 수 있다. 단, 지금의 경우 $u(x,t)$는 y방향의 변위를 나타낸다. 또 파동의 속도 v는, 식 (15)에 $k=T/d$를 대입한 식

$$v=\sqrt{\frac{Td}{m}}$$

가 된다. 여기에서 m은 균일한 선밀도 ρ인 현을 길이 d로 분할한 작은 조각의 질량이므로 $m=\rho d$로 주어진다. 이것을 위의 식에 대입하면 **현을 전달하는 횡파의 속도의 식**

$$v=\sqrt{\frac{T}{\rho}}$$

을 얻을 수 있다.

◆ 종파의 속도와 영률(Young's modulus)

식 (15)에서 나타내는 파동의 속도의 의미를 생각해 보자. 우선 선밀도 $\rho=m/d$을 이용해

$$v=\sqrt{\frac{kd}{\rho}} \qquad (15')$$

로 고쳐 쓴다.

원래의 길이 d, 용수철 상수 k인 용수철에 힘 F를 더했을 때 Δd만큼 늘어난 경우 훅의 법칙에서

$$F=k\Delta d$$

성립한다. 이것을 이용하면 kd는

$$kd = k\Delta d\left(\frac{d}{\Delta d}\right) = \frac{F}{\Delta d/d}$$

로 고쳐 쓸 수 있는 것을 알 수 있다. 즉 kd는 "더해진 힘 F를 신장률 $\Delta d/d$로 나눈 값"이 된다.

일반적으로 길이 L, 단면적 S인 가늘고 길쭉한 물체에 대해, 길이 방향으로 힘 F를 더했을 때 ΔL만큼 늘어났다고 한다. 이 경우의 늘어남과 힘의 관계를

$$F = \left(\frac{ES}{L}\right)\Delta L$$

로 나타냈을 때 E[N/m²]를 **영률(길이의 탄성률)**이라고 한다. 영률을 사용하면, $kd=ES$로 고쳐 쓸 수 있다. 이것을 식 (15′)에 대입하면

$$v = \sqrt{\frac{ES}{\rho}}$$

가 된다. 식 (15)에 나타난 kd는 영률에 비례한 양이었던 것이다.

◈ 파동 방정식의 풀이

'사인파의 식과 그래프'의 해설에서는 파장 λ, 진동수 f인 사인파가

$$u(x,t) = A\sin\left(\frac{2\pi}{\lambda}x - 2\pi ft\right) \tag{17}$$

라는 식으로 나타내는 것을 배웠다(파동 방정식과의 관계를 조사하기 위해 y 대신에 $u(x,t)$로 한다. 이 식이 파동 방정식을 충족시킴을 나타내자.

우선 우변과 좌변의 편미분을 각각 계산하면

$$\frac{1}{v^2}\frac{\partial^2}{\partial t^2}\left\{A\sin\left(\frac{2\pi}{\lambda}x - 2\pi ft\right)\right\} = \frac{1}{v^2}\left\{-(-2\pi f)^2 A\sin\left(\frac{2\pi}{\lambda}x - 2\pi ft\right)\right\}$$

및

$$\frac{\partial^2}{\partial x^2}\left\{A\sin\left(\frac{2\pi}{\lambda}x - 2\pi ft\right)\right\} = \left\{-\left(\frac{2\pi}{\lambda}\right)^2 A\sin\left(\frac{2\pi}{\lambda}x - 2\pi ft\right)\right\}$$

가 된다. 이 두 개의 식은

$$\frac{1}{v^2}(-2\pi f)^2 = \left(\frac{2\pi}{\lambda}\right)^2$$

이 성립할 때, 즉

$$\frac{f^2}{v^2} = \frac{1}{\lambda^2}$$

이 성립할 때 동등해진다. v, f, λ는 모두 양수이므로

$$v = f\lambda \tag{18}$$

가 성립할 때 사인파의 식 (17)은 파동 방정식 (16)을 충족시킴을 알 수 있다. 이와 같이 파동의 기본식이라 부르는 식 (18)은, 사실 사인파가 파동 방정식을 충족시키는 조건밖에 되지 않는 것이다.

◆ 중첩의 원리와 파동 방정식

파동의 중첩의 원리를 파동 방정식을 이용해 증명하자. 두 개의 파동 $u_1(x,t)$, $u_2(x,t)$가 파동 방정식을 충족시킨다고 한다. 즉,

$$\frac{1}{v^2}\frac{\partial^2 u_1(x,t)}{\partial t^2} = \frac{\partial^2 u_1(x,t)}{\partial x^2}$$

및

$$\frac{1}{v^2}\frac{\partial^2 u_2(x,t)}{\partial t^2} = \frac{\partial^2 u_2(x,t)}{\partial x^2}$$

가 성립한다고 한다. 이때 양쪽 식을 더하면

$$\frac{1}{v^2}\frac{\partial^2 u_1(x,t)}{\partial t^2} + \frac{1}{v^2}\frac{\partial^2 u_2(x,t)}{\partial t^2} = \frac{\partial^2 u_1(x,t)}{\partial x^2} + \frac{\partial^2 u_2(x,t)}{\partial x^2}$$

즉

$$\frac{1}{v^2}\frac{\partial^2}{\partial t^2}[u_1(x,t) + u_2(x,t)] = \frac{\partial^2}{\partial t^2}[u_1(x,t) + u_2(x,t)]$$

를 얻는다. 이 식에서 $u_1(x,t)$, $u_2(x,t)$를 합성한 파동

$$w(x,t) = u_1(x,t) + u_2(x,t)$$

도 또한 파동 방정식을 만족한다. 즉,

$$\frac{1}{v^2}\frac{\partial^2 w(x,t)}{\partial t^2} = \frac{\partial^2 w(x,t)}{\partial x^2}$$

가 성립하는 것을 알 수 있다. 이것은 중첩의 원리밖에 되지 않는다. 또 일반적으로 $(u_i(x,t)(i=1,2,\cdots,n)$가 파동 방정식 (16)을 충족시킬 때 $a_i(i=1,2,\cdots,n)$을 임의의 상수로 하여

$$w(x,t) = a_1 u_1(x,t) + a_2 u_2(x,t) + \cdots + a_n u_n(x,t) = \sum_{i=1}^{n} a_i u_i(x,t)$$

도 또 같은 파동 방정식을 충족시키고 있음을 두 개의 경우를 확장하면 간단히 증명할 수 있다. 이것이 일반적인 중첩의 원리이다.

발전 문제

$f(x)$, $g(x)$를 임의의 함수로 하여
$$u(x,t) = f(x-vt) + g(x+vt)$$
가 파동 방정식 (16)을 충족시킴을 증명하시오. 또 이것은 속도 v로 x의 양(+)의 방향으로 진행하는 파동(모양은 상관없음)과 속도 $-v$로 의 음(−)의 방향으로 진행하는 파동(역시 모양은 상관없음)과의 중첩이 파동 방정식의 풀이가 되는 것을 의미한다. (해답은 p.222)

3.1 음파의 기본

■ 소리의 전달법

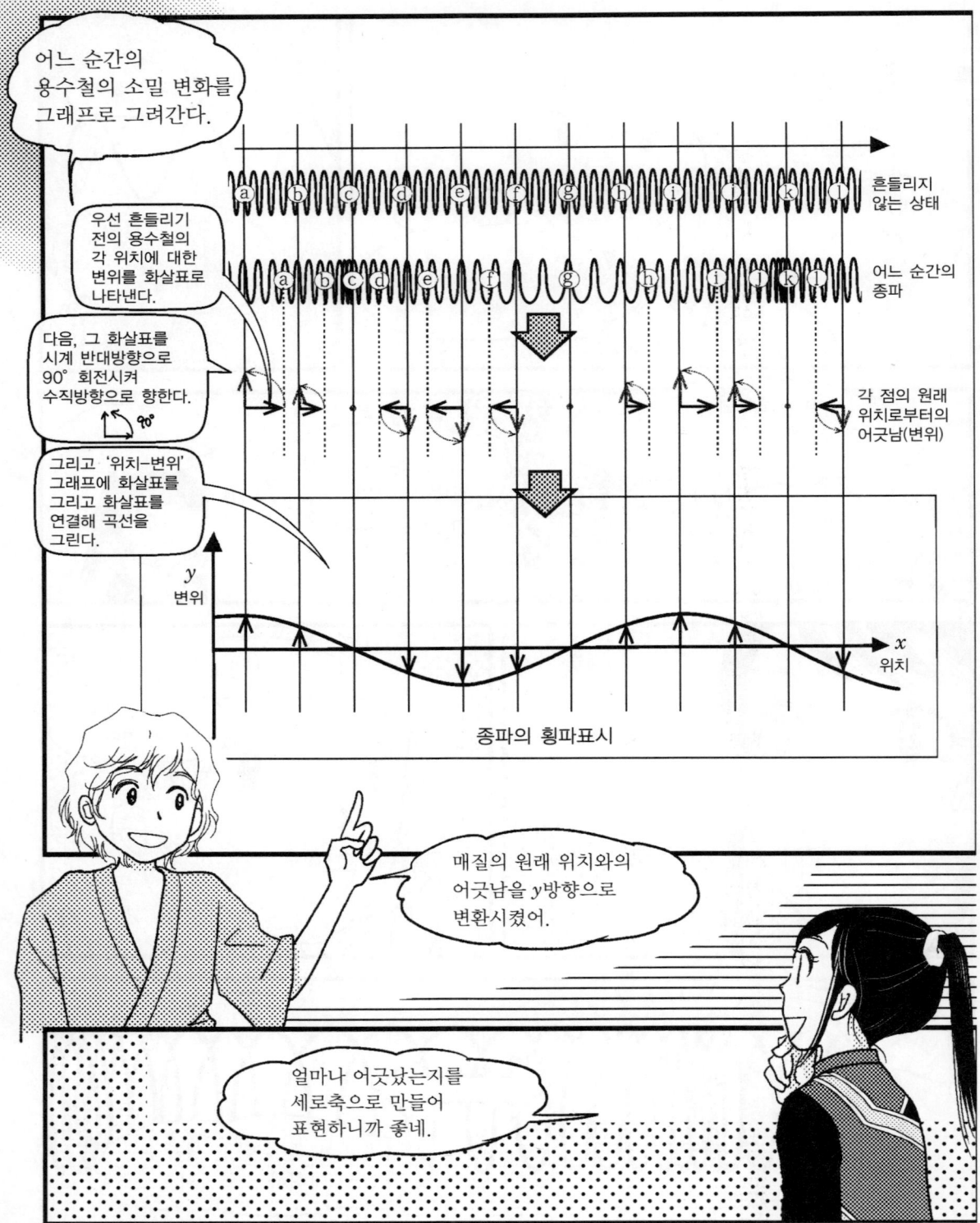

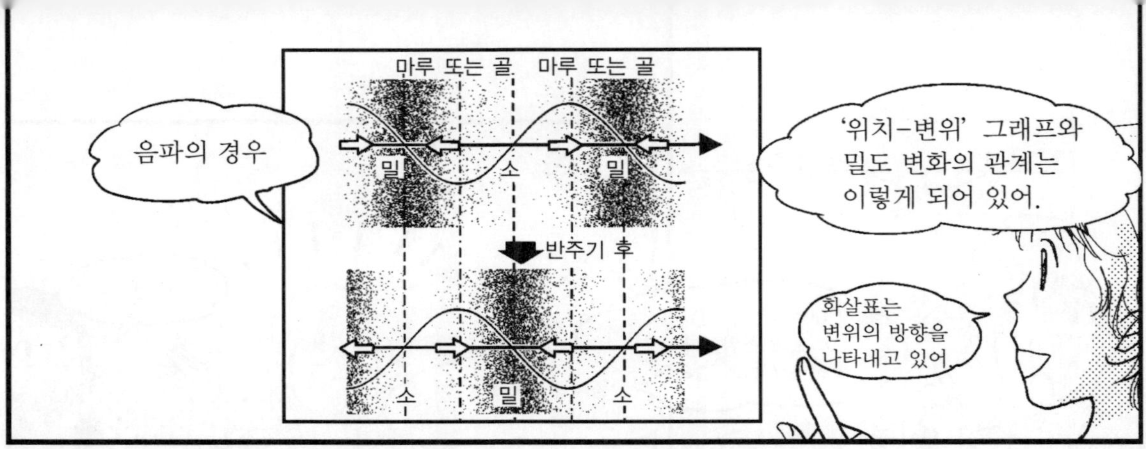

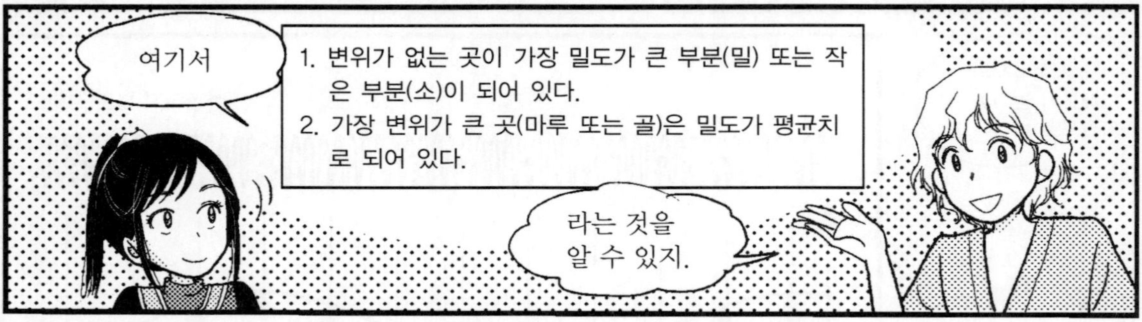

3.2 음파의 전달 방식

■ 강제진동

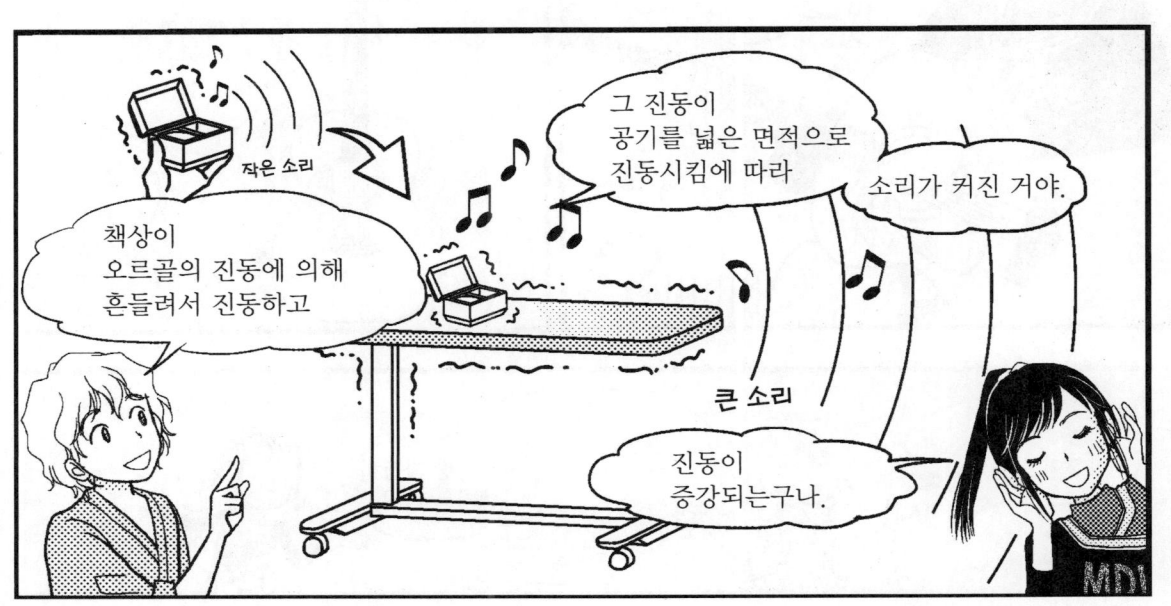

■ 공명

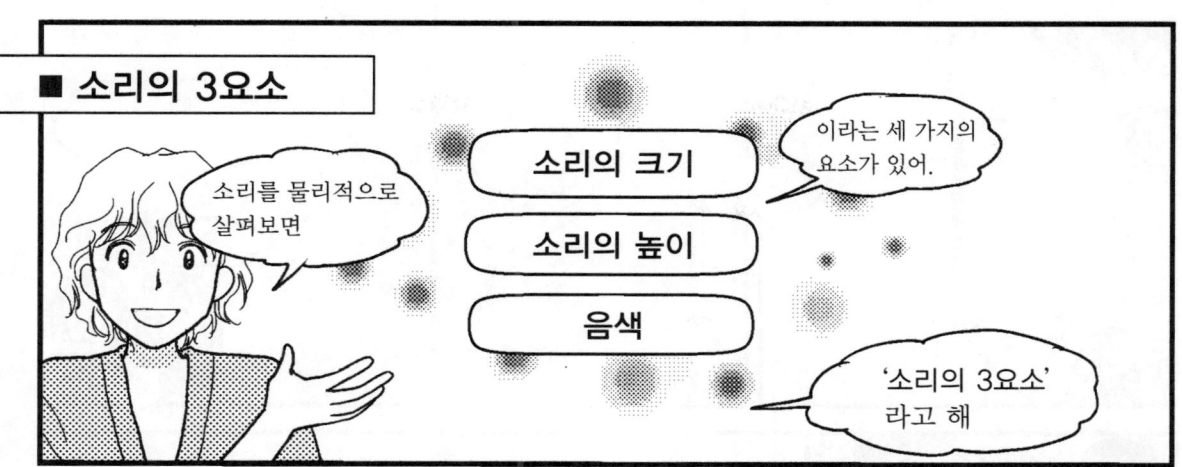
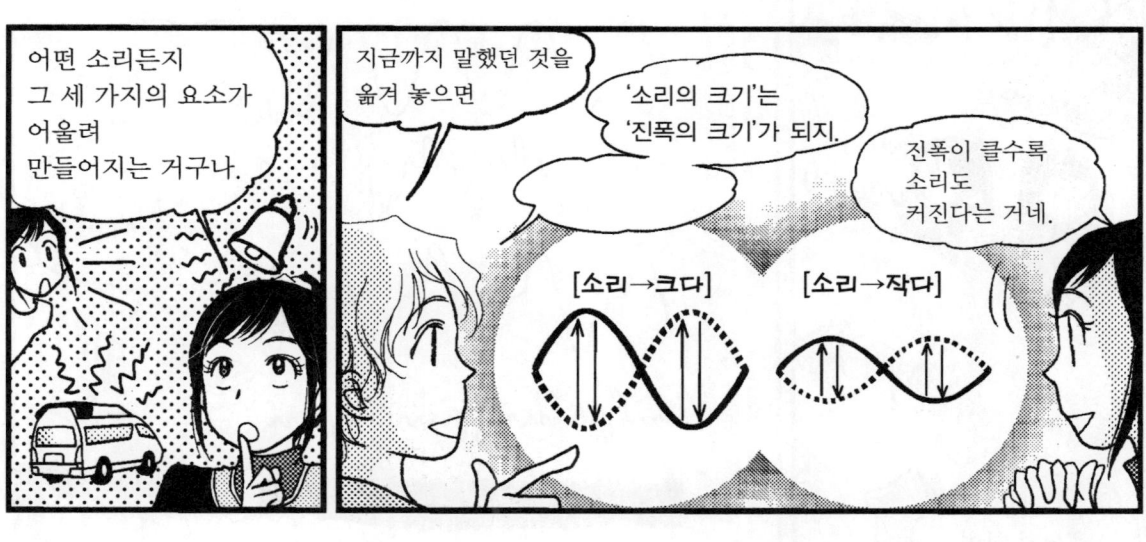

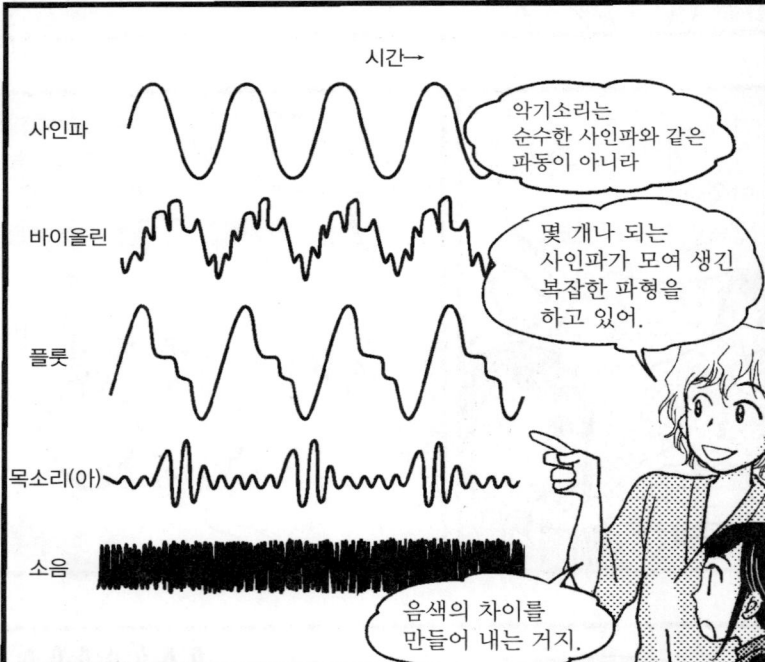

■ 악기의 소리

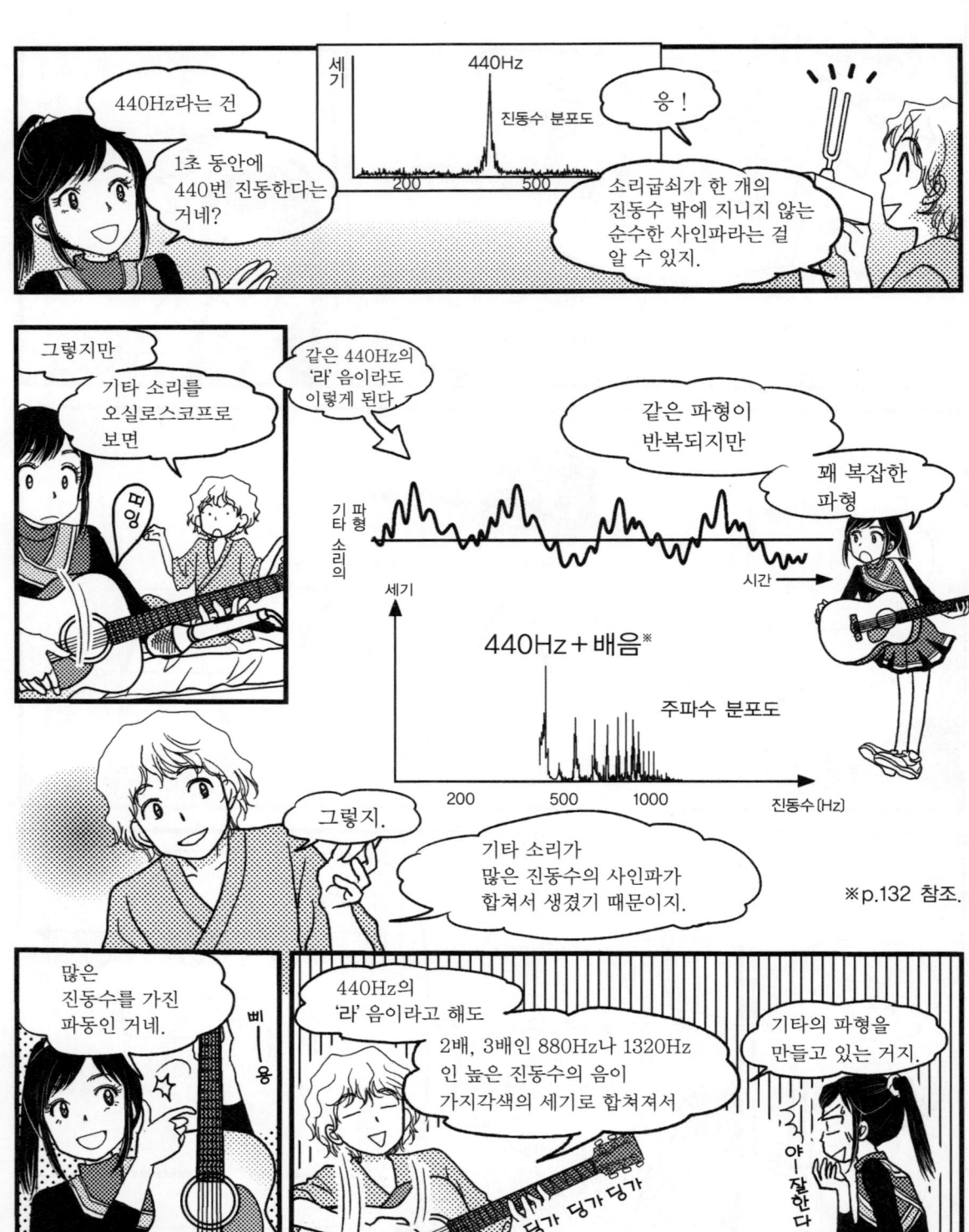

실험실 여러 가지 악기의 '시간-변위' 그래프

여러 가지 악기가 내는 440Hz의 '라'음의 '시간-변위' 그래프를 오실로스코프로 보자. 주기 T(s)와 진동수 f(Hz)와의 관계는 $T=1/f$이므로, $T=1/440=2.27\times10^{-3}$(s)인 주기의 파형을 볼 수 있을 거야. 실제로 주기 T마다 같은 「파형」이 반복되는 거지.

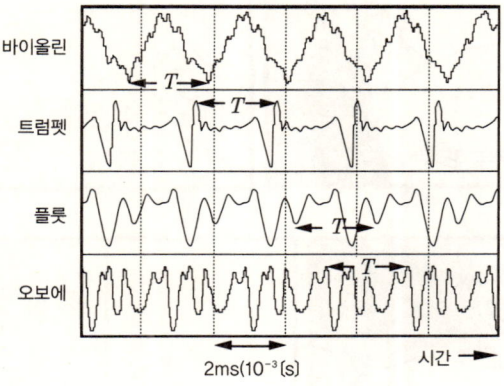

악기에 따라 파동의 모양이 전혀 다르네.

진동수가 다른 사인파를 합쳐서, 사인파와는 다른 형태의 진동이 만들어지는 거야. 예를 들어 네 개의 사인파를 합치면 이렇게 돼. 단, 네 개라도 이 정도 복잡한 모양이 생기니까 더 많은 사인파를 합치면 바이올린 파형이나 플룻 파형과 같은 보다 복잡한 파형도 만들 수 있다는 걸 상상할 수 있지.

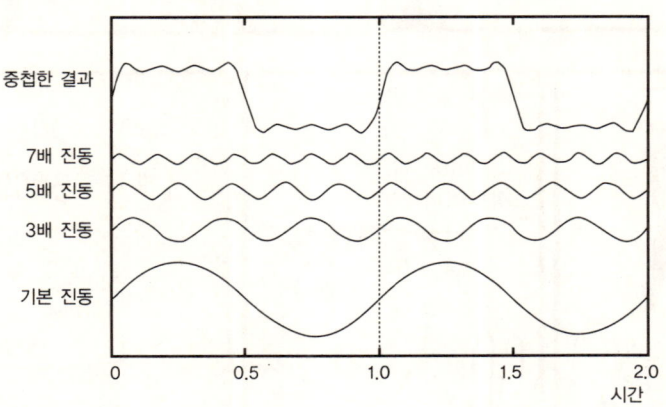

제3장 소리 115

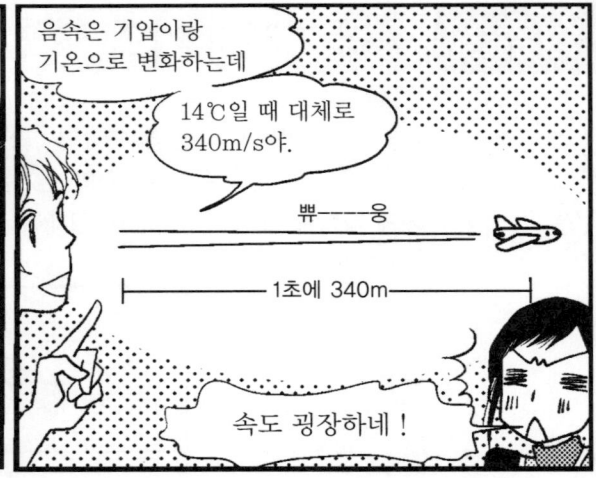
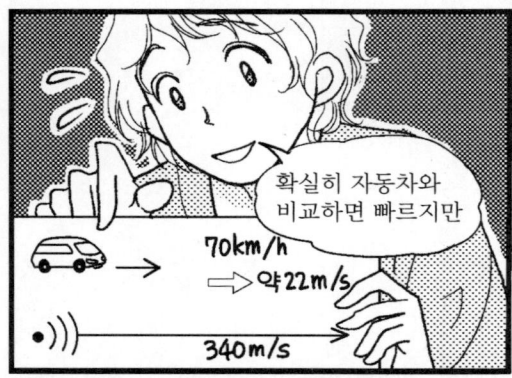

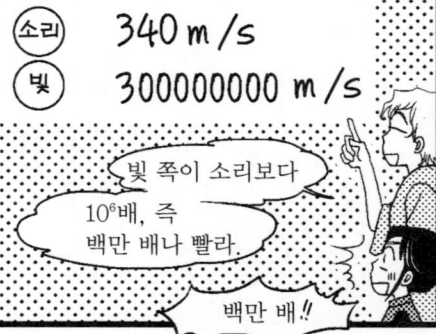

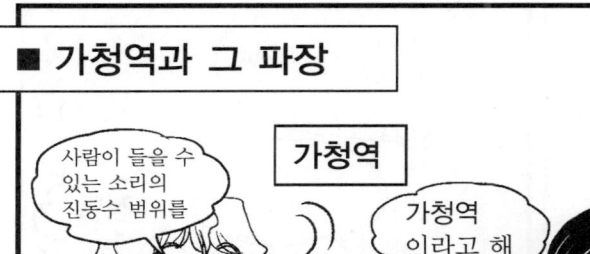

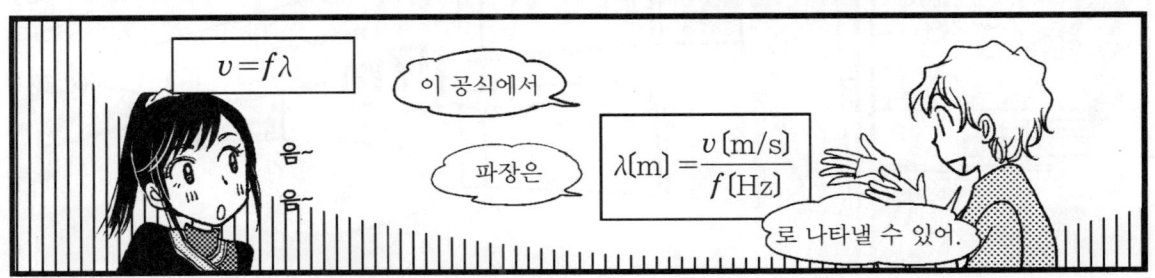

3.3 음파의 정상파와 맥놀이

■ 현의 고유 진동

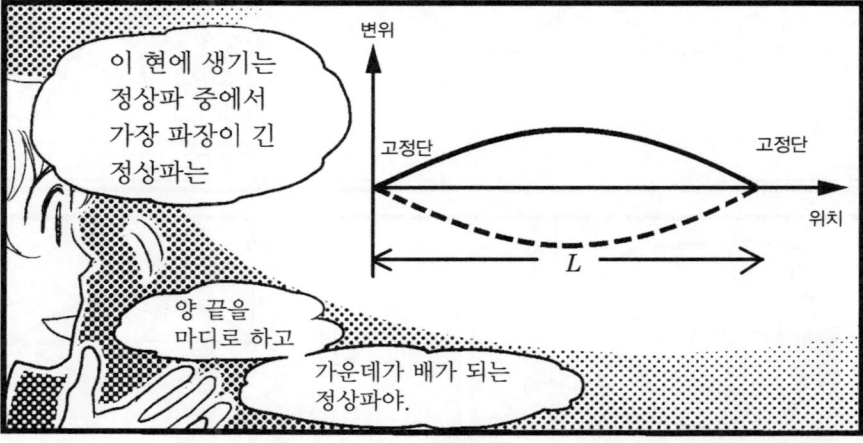

제3장 소리 119

※1(N)은 1(kg·m/s²)임. SI 단위에 대해서는 [부록 A]의 p.217 참조.

응.

개관에 생기는 정상파를 파장이 긴 순서대로 그리면 이렇게 돼.

L

그런데

그림 그대로의 모습으로 공기가 줄의 횡파와 같이 진동하고 있는 건 아니니까 주의해.

여기에서 알 수 있듯이 길이가 L인 개관에 생기는 정상파의 파장은

$$\lambda = \frac{2L}{n} \ (n=1, 2, 3, \cdots)$$

이 되고

고유 진동수는

$$f = \frac{v}{\lambda} = \frac{nv}{2L} \ (n=1, 2, 3, \cdots)$$

이 된다.

이거 본 적 있지 않아?

어··· 뭐였지?

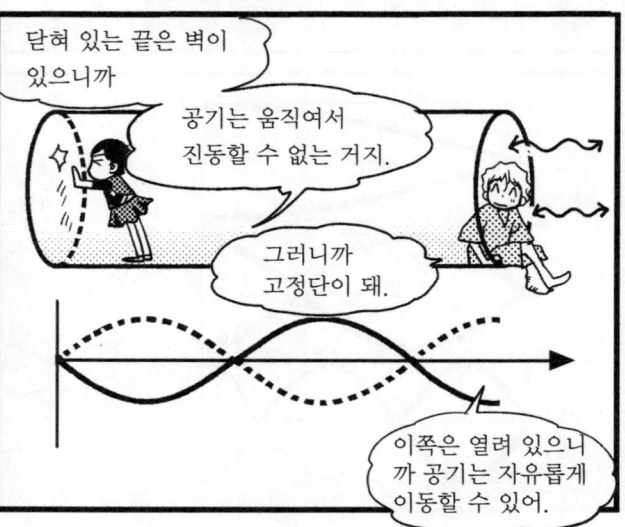

실험실   맥놀이

기타의 튜닝이 조금 잘못되면 소리가 "웅웅" 하며 커졌다 작아졌다 하지. 진동수가 약간 다른 두 개의 소리가 중첩되어 그렇게 들리는 것으로 맥놀이라는 현상이야.

기타가 아닌 다른 악기에서도 맥놀이가 일어나?

응. 다른 악기들도 소리가 약간 빗나가 있으면 맥놀이가 들려. 진동수의 차이가 작을 수록 웅웅 하는 맥놀이의 강약의 간격이 길어지고 진동수가 완전히 일치하면 맥놀이는 사라져. 반대로, 진동수가 차이가 나면 맥놀이의 간격이 짧아지는 거야. 이 맥놀이의 성질을 이용해 두 가지 악기의 조율(튜닝)이 가능한 거야. 소리가 어긋나면 맥놀이의 강약의 간격이 빨라지니까 반대 방향으로 조정해. 맥놀이가 들리지 않게 될 때가 두 악기 소리의 진동수가 일치했을 때라는 것이지.

맥놀이는 왜 일어나는 거야?

진동수가 일정한 음파가 귀에 들어왔을 때 고막을 흔드는 진동의 모습은 이런 느낌이지. 이건 앞에서도 얘기했지.

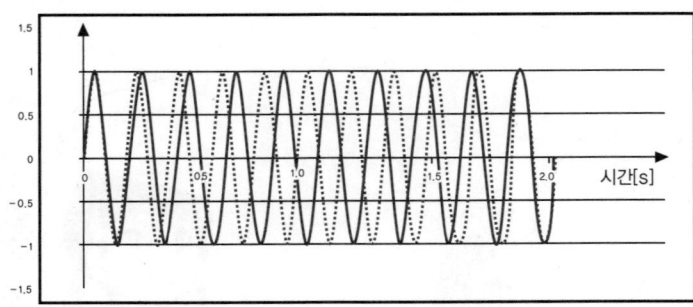

점선처럼 진폭이 같지만 약간 진동수가 다른 음파가 겹쳐졌다고 하자. 이때 실선의 음파는 2초 동안에 10회 진동(마루의 수가 10개)하고 있는 것에 비해 점선의 음파는 9개. 맨 처음(0초일 때)에는 점선의 파동도 실선의 파동과 겹쳐 있지만 점점 어긋나져 1초 부근에서는 점선의 파동이 마루일 때 실선의 파동은 골이 되어 있어. 이 지점에서는 두 개의 파동이 완전히 상쇄되지.

그 후에 다시 어긋남이 겹쳐지다가 2초 부근에서 또 두 파동이 거의 겹쳐지는 거네.

그래서 이 두 음파의 진동을 더하면 이렇게 돼. 이전에 얘기했던 것처럼 두 파동의 변위를 y_1, y_2라 하면, 중첩됐을 때의 변위는

$$y = y_1 + y_2$$

가 되지.

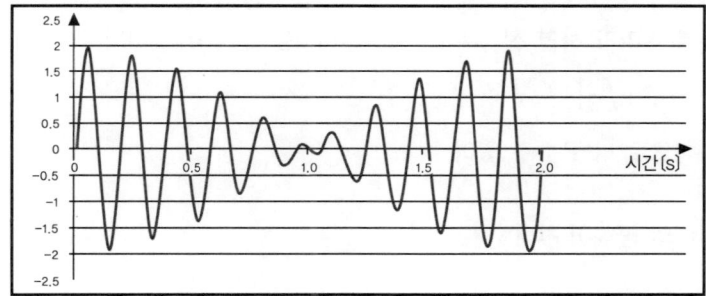

처음에 컸던 진폭이 1초 부근에서 작아져 2초 부근에서는 다시 커지는 걸 알 수 있어. 2배의 시간, 4초간 사이의 두 음파가 합성된 모습을 나타낸 것이 다음 그림이야. 합쳐진 음파의 진폭이 커지거나 작아지는 모습을 알겠니?

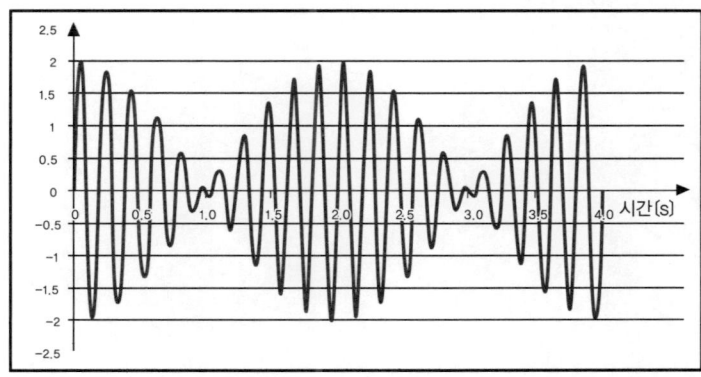

제3장 소리 131

소리의 크기 역시 이것과 마찬가지로 크거나 작게 들린다는 거네. 이것이 맥놀이의 정체인가?

이 그림에서는 2초 동안에 10회 진동하고 있는 음파와 9번 진동하고 있는 음파의 맥놀이를 생각했어. 그림에서 알 수 있듯이 이 경우는 소리의 크고 작음이 변해 2초 동안에 한 번의 비율로 맥놀이가 생겨. 즉 1초 동안에 5회 진동하고 있는 음파와 4.5회 진동하고 있는 음파, 진동수가 5(Hz)와 4.5(Hz)인 음파가 1초 동안에 0.5회 맥놀이를 만들게 되지. 그러니까

$$\text{진동수의 차(절대치)} = \text{1초간의 맥놀이 횟수}$$

라는 관계식이 성립되지. 생각하고 있는 두 개의 진동수를 f_1, f_2로 하고, 1초 동안의 맥놀이 횟수를 N이라 하면 진동수의 차인 절대치는 $|f_1 - f_2|$이니까

$$|f_1 - f_2| = N$$

이라는 수식으로 나타낼 수 있어.

이게 맥놀이의 공식이구나!

예를 들어 440(Hz)와 442(Hz)인 두 음파는 차가 2(Hz)이니까 1초 동안에 두 번의 맥놀이를 만들어. 441(Hz)와 442(Hz)라면 1초 동안에 한 번의 맥놀이가 생기지. 그러니까 튜닝이 잘못된 두 악기의 소리가 합쳐지게 되면 맥놀이의 주기가 길어지고 딱 맞았을 때 맥놀이는 사라진다는 것이야.

Follow Up

◆ 기주(氣柱) 안의 공기의 진동

음파는 눈에 보이지 않는 파동이다. 그렇기 때문에 어떤 파동이 생기고 있는지를 나타내기 위해서는 그림이나 그래프를 이용할 수밖에 없다. 그러나, 하나의 그림이나 도면에서 생각지도 못한 오해를 하게 될 경우가 있다.

예를 들어, 폐관의 정재파(定在波) 파장을 나타내는 데 자주 사용되는 기본 진동 그림을 생각해 보자.

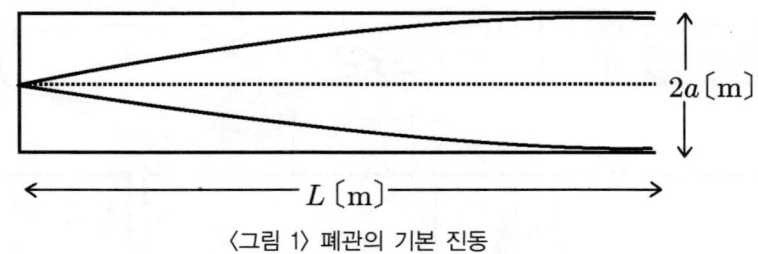

〈그림 1〉 폐관의 기본 진동

〈그림 1〉은 왼쪽이 닫힌 부분, 오른쪽이 열린 부분인 관에 생기는 정상파의 기본 진동을 나타낸 것이다. 만화에서 설명했듯이 폐관에서는 닫힌 부분에 파동의 마디, 열린 부분에 파동의 배가 생긴다. 그 조건하에서 가장 파장이 긴 파동이 그림에 그려진 기본 진동이다. 그림에서 이 기본 진동인 파동의 파장은 $4L$[m]인 것을 알 수 있다.

그러나 이 그림에서 파동의 진폭이 a[m]라고 생각해서는 안 된다. a[m]는 기주의 반경을 나타내지만 그 안에 생기는 음파의 진폭과는 관계가 없다. 애초부터 음파는 종파이므로 그림에 있는 공기기둥 안의 음파의 진동은 수평 방향으로 생겨 있을 것이다. 그 세로 방향의 진동을 '횡파 표시'로 하고 '위치-변위' 그래프를 공기기둥 안에 모식적으로 그리면, 그림의 정상파와 같이 될 것이다. 그러나 본래는 정상파의 '위치-변위' 그래프와 공기기둥의 그림을 함께 그려야만 하는 것은 아니다. 이것을 조금 자세히 설명하자.

〈그림 2〉에는 기본 진동 다음에 파장이 긴 정상파의 모습을 나타내고 있다. 파장은 만화에 나타낸 식

$$\lambda = \frac{4L}{2m+1} \ (m = 0, 1, 2, 3 \cdots) \tag{1}$$

에서 $m=1$로 두어 $4L/3$[m]로 구해진다. 이것은 〈그림 2〉 위쪽 그림에서도 알 수 있다. 왜냐하면 〈그림 2〉의 폐관에 그려져 있는 정상파는 1파장(λ)의 3/4이므로 $L=(3/4)\lambda$가 성립되고 따라서 $\lambda=4L/3$이 되기 때문이다. 이와 같이 공기기둥에 정상파를 그리는 것은 파장을 구하는 데 도움이 된다.

한편 공기의 '위치-변위' 그래프는 〈그림 2〉의 아래 두 그래프와 같이 변화하고 있다. 오른쪽 그래프는 왼쪽 그래프에서 주기의 반인 T/2 시간이 지났을 때의 변위를 나타내고 있다. 특징으로서 폐관에서의 변위는, 닫힌 부분의 변위는 항상 0, 열린 부분의 변위의 절대치는 항상 최대가 되는 것을 기억하자. 또, 그래프의 세로축에서 나타나는 공기의 변위는 (소리의 크기에 따라 달라지지만) 10^{-8}m 정도인, 매우 작은 값인 것을 알 수 있다. **음파의 진폭은 공기기둥의 반경과는 비교가 안 될 정도로 작은 것이다.**

다음에 공기의 밀도 변화에 대해 생각해 보자. 용수철의 종파에서 생각했듯이 공기의 변위 모습을 알 수 있으면 밀도의 변화 역시 알 수 있다. 단, **밀도의 변화는 변위와 차이가 난다.** 변위가 0이 되는 부분(즉, 마디)은 밀도가 최대 · 최소가 되는 부분이다. 반대로, 변위의 크기가 최대인 부분은 밀도의 변화가 0(따라서 공기기둥 밖의 공기의 압력(대기압)과 같은 압력)이 되어 있다. 이것은 열린 부분의 압력이 공기기둥 밖의 압력과 원활하게 일치하지 않으면 안 된다는 것과 딱 들어맞아 있다.

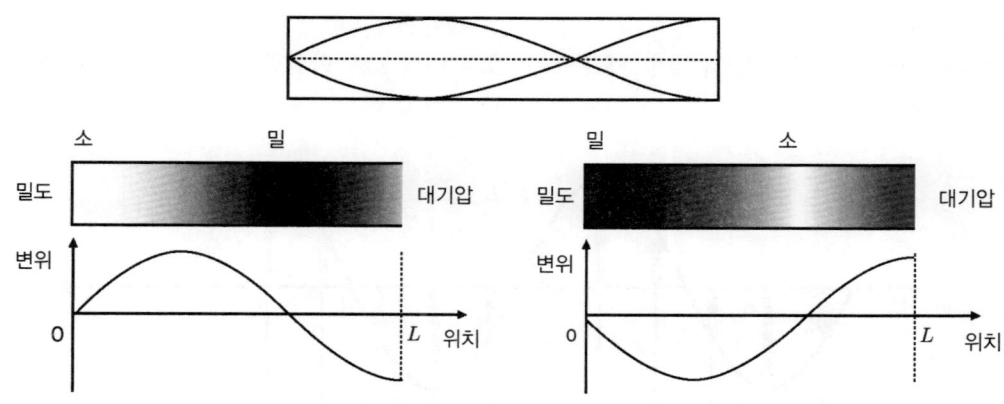

〈그림 2〉 기주에 생기는 정상파의 공기의 변위와 밀도 변화의 예

문 3. 아래 그림은 사인파인 음파의 일부를 횡파 표시한 '위치-변위' 그래프이다. 아래의 (1)~(3)에 해당하는 위치를 그림 a,b,…,g에서 골라 모두 답하시오.

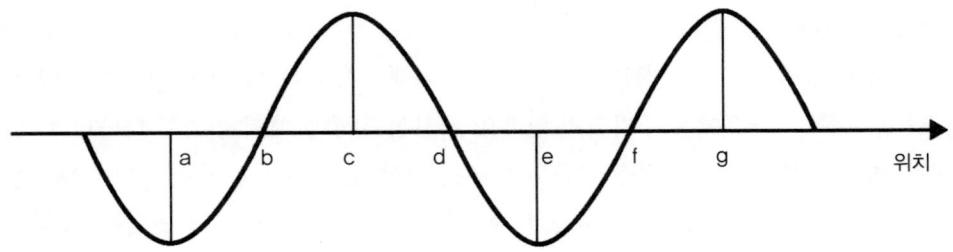

(1) 음파의 진행 방향과 반대 방향으로 가장 크게 변위하고 있다.
(2) 공기의 밀도가 가장 소로 되어 있다.
(3) 공기의 밀도가 가장 밀이 되어 있다.

정답

(1) a,e (골의 위치가 음의 방향, 즉 진행방향과 반대 방향으로 가장 변위가 크다.
(2) b,f (b점의 왼쪽은 음의 방향, 오른쪽은 양의 방향으로 변위하고 있으므로 가장 소한 위치이다.
(3) d (d점의 왼쪽은 양의 방향, 오른쪽은 음의 방향으로 변위하고 있으므로 가장 밀한 위치이다.

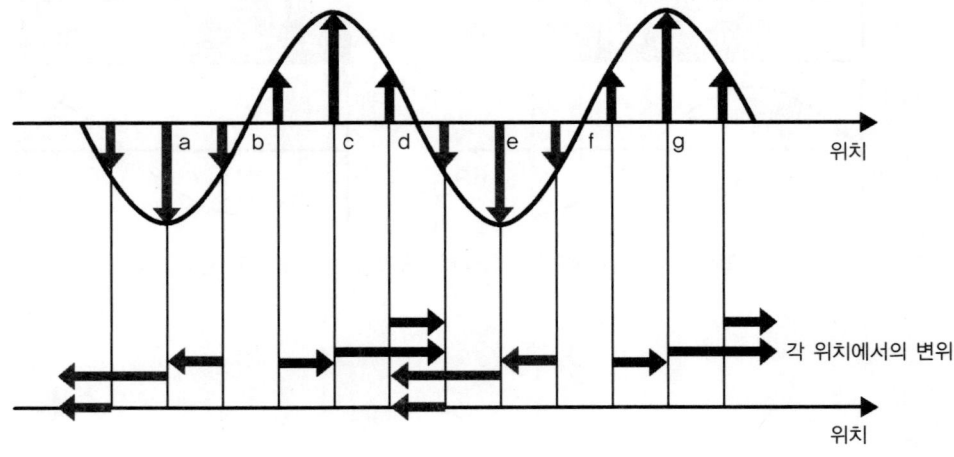

> 해설

　p.136의 아래쪽 그림은 위쪽의 '위치-변위' 그래프의 몇 위치의 변위를 화살표로 나타내고 시계 방향으로 90° 회전시켜 진행 방향의 변위를 재현한 것이다. 단, 화살표가 겹치지 않게 높이를 어긋나게 해서 그려져 있다. d점에 변위가 모여 있는데 여기에서 d점의 밀도가 밀이 되어 있는 것을 알 수 있다. 반대로, b점, f점 부근에서는 소가 되어 있는 것을 알 수 있다 (p.107 참조).

◆ 소리의 속도 (음속)

　파동의 속도는 매질의 성질에 따라 정해지고 파동의 파장이나 진폭으로 정해지는 양이 아니다. 따라서 공기 중의 소리의 속도 (음속)는 공기의 성질에 의해 정해진다.

　온도 t[℃]의 건조한 공기 중에서의 소리의 속도 v[m/s]는 근사적으로[1]

$$v = 331.5 + 0.6t \tag{2}$$

로 나타내는 것을 알 수 있다. 이 식에 $t=14$℃를 대입하면 $v=340$(m/s)가 된다. 이것이 만화에서 설명한 음속의 값이다.

◆ 현을 전달하는 횡파의 속도

　만화의 '현의 고유 진동' 부분에서는 장력 T[N], 선밀도 ρ[kg/m]인 현을 전달하는 횡파의 속도 v[m/s]가

$$v = \sqrt{\frac{T}{\rho}} \tag{3}$$

로 나타나는 것을 언급했다. 이 식에서 장력이 강할수록 또 선밀도가 작을수록 파동의 속도가 커지는 것을 알 수 있다. 만화에서는 현이 굵을수록 같은 길이인 현의 질량은 커지는 것을 설명했지만 현이 굵을수록 단위 길이당의 질량, 즉 선밀도 ρ는 커지고 현을 전달하는 파동의 속도는 작아지는 것이다.

◆ 음계

　'도레미파솔라시도'는 누구나 알고 있는 기본적인 음계이다. 낮은 '도'와 높은 '도'의 진동수의 차이를 1 옥타브라고 한다. 낮은 쪽 '도'의 진동수를 f[Hz]라 하면 1 옥타브 높은 '도'의 진동수는 2배인 $2f$[Hz]가 된다. 그럼 그 사이의 '레미파솔라시'는 어떤 진동수가 되어 있을까?

---
[1] 이 식이 어떻게 도출되는지는 Step Up을 참조하시오.

음계라는 것은 음악에 이용하는 음을 주음(主音: 지금의 경우는 '도')에서 주음까지의 사이에 늘어놓은 것이다. 음악은 인간이 만드는 예술이므로 원리적으로는 물리의 법칙과는 상관없이 어떤 진동수의 소리로 음계를 구성해도 괜찮을 것이다. 그러나, 많은 사람들에게 아름답게 들리지 않는다면 음악의 의미가 없다. '도레미파솔라시도'는 그런 아름다운 울림을 지닌 진동수로 구성되어 있는데 그 구성은 물리의 법칙과 보기 좋게 맞는다.

'도레미파솔라시도'를 정하는 방법에는 **순정률**(純正律)과 **평균율**(平均律)이라는 두 가지 방법이 있고, 양자의 차이에는 물리적·수학적인 배경이 있다. 여기에서는 그것에 대해 살펴보도록 하자.

(1) 순정률

순정률은 1 옥타브 사이를 정수(整數)의 비로 분할한 음계이다. 〈표 1〉에 낮은 '도'의 진동수를 1로 했을 때의 비율로서 각음의 진동수를 나타내고 있다.

〈표 1〉 순정률 진동수의 비

음	도	레	미	파	솔	라	시	도
진동수의 비	1	9/8	5/4	4/3	3/2	5/3	15/8	2

이와 같이 정해진 순정률을 이용하면 '도미솔'의 3음으로 만드는 화음은 매우 아름답게 울린다. 그 이유를 생각해 보자. 악기의 음색에 대한 만화 (p.112~p.115)에서는 하나의 음을 냈을 때라도 사실은 많은 배음(倍音)이 섞여 있어 그 조합으로 음색이 정해지는 것을 배웠다. 이것에 대해 좀더 생각해 보자.

어떤 악기로 진동수 f[Hz]인 '도'음을 냈다고 하자. 그 음에는 배음인 $2f, 3f, 4f, \cdots$[Hz]가 섞여 있다. 〈표 2〉를 보자. $3f$[Hz]는 $2f$[Hz]의 3/2배이므로 1 옥타브상의 음계인 '솔'음에 해당하는 것을 〈표 1〉에서 알 수 있다. 마찬가지로 $5f$[Hz]는 $4f$[Hz]인 '도'음의 5/4배이므로 2옥타브상의 음계인 '미'음, $6f$[Hz]는 $4f$[Hz]의 6/4배=3/2배이므로 '솔'음이 된다. 이와 같이 배음을 지닌 악기의 음색에는 자연히 '도미솔' 음이 포함되어 있다. 다른 음 역시 간단한 정수비로 되어 있기 때문에 서로 다른 음정과 배음의 관계가 되는 것을 알 수 있다.

〈표 2〉 배음과 음계의 관계(예)

진동수 [Hz]	f	$2f$	$3f$	$4f$	$5f$	$6f$	$7f$	$8f$
도의 배음과의 비율			$(3/2)2f$		$(5/4)4f$	$(3/2)4f$		
음계	도	도	솔	도	미	솔		도

순정률은 화음이 아름답게 울리는 특징이 있는 한편, 전조(轉調)가 되지 않는 큰 문제를 안고 있다. '도'음으로 시작되는 멜로디가 있다고 하자. 그와 같은 멜로디를 '라' 음으로 시작하려고 하면 순정률의 음계인 채로는 음정이 어긋나 버리는 것이다. 예를 들어 '도'와 '레'의 진동수의 차는 〈표 1〉에서 $[(9/8)-1]f=(1/8)f$ [Hz]인데, '라'와 '시'의 차는 $[(15/8)-(5/3)]f=(5/24)f$ [Hz]가 되고 말아 음계의 간격이 일치하지 않는다. 즉 전조(轉調)하기 위해서는 악기를 다시 고쳐 조율한다든지, 조율을 바꾼 같은 악기를 많이 갖추어 전조할 때마다 교체해서 연주하지 않으면 안 되게 된다. 이것은 매우 불편하다.

(2) 평균율

그래서 전조를 자유롭게 할 수 있도록 하기 위해 음계의 간격이 일정한 비율이 되도록 '도레미파솔라시도'를 정한 것이 평균율이다. 즉, 평균율에서는 반음 올라갈 때마다 일정한 배율로 진동수가 커지게 되어 있다. 1옥타브는 12개의 반음으로 분할되므로 반음마다 $2^{1/12}$ 배만큼 진동수가 높아지도록 정하면 1옥타브에서는 12개의 $2^{1/12}$을 곱한 값 $(2^{1/12})^{12}=2^{12/12}=2$배가 된다.[*2] 이와 같이 반음의 비를 정하면 '도'와 '레', '라'와 '시'는 물론 모든 전음의 비가 항상 $2^{2/12}=2^{1/6}$이 된다. 따라서 어떤 음에서 시작해도 같은 멜로디를 연주할 수 있는, 전조할 수 있는 것이다. 〈표 3〉에 평균율의 진동수 비를 보여 준다.

〈표 3〉 평균율의 음계와 진동수의 관계

음	도	레	미	파	솔	라	시	도
진동수의 비	$1(2^{0/12})$	$2^{2/12}$	$2^{4/12}$	$2^{5/12}$	$2^{7/12}$	$2^{9/12}$	$2^{11/12}$	$2(2^{12/12})$

평균율의 약점은, 음정의 진동수 비가 정수가 되어 있지 않으므로 화음을 만들어도 순정률과 같이 완전한 배음 관계는 되지 않는 것이다. 다만, 순정률과 평균율의 차는 〈표 4〉에 나타낸 바와 같이 최대인 '라'에서도 1.5% 정도에 그치고 있다.

〈표 4〉 순정률과 평균율 음계에 생기는 차

음	도	레	미	파	솔	라	시	도
평균율	1	1.12246	1.25992	1.33484	1.49831	1.68179	1.88775	2
순정률	1	1.125	1.25	1.33333	1.5	1.66667	1.875	2
차	0	0.00254	0.00992	0.00151	0.00169	0.01513	0.01275	0

[*2] $2^{1/12}$≒1.05946이다. 단, 근사치를 이용하면 몇 번이나 곱셈할 동안에 조금씩 값이 차이가 생긴다. 예를 들어 1.05946^{12}=1.99993이 되어 2에서 약간 차이가 난다.

Step Up

◆ 음속의 식

식 (2)는 어떻게 도출되는 것일까? 그것은 공기 중을 전달하는 음파의 파동 방정식을 이끄는 과정에서 얻어지는 보다 정확한 음속의 식

$$v = \sqrt{\frac{\gamma RT}{\mu}} \tag{4}$$

를 근사함에 따라 얻을 수 있다. 여기에서 T[K]는 공기의 절대 온도, μ[kg/mol]는 공기의 분자량, γ는 공기의 비열비, $R = 8.31$[(J/mol·K)]는 기체 상수를 나타낸다.

식 (4)를 절대 온도를 이용하는 식에서 섭씨를 이용하는 식으로 변형해 보자. 절대 영도는 -273.15℃이므로, $T_0 = 273.15$K로 두면 T[K] $= T_0 + t$[℃]가 되므로 식 (4)를 다음과 같이 고쳐 쓸 수 있다.

$$v = \sqrt{\frac{\gamma R(T_0 + t)}{\mu}} = \sqrt{\frac{\gamma RT_0}{\mu}\left(1 + \frac{t}{T_0}\right)} \tag{5}$$

0℃일 때의 음속을 v_0[m/s]로 두면 식 (5)는

$$v = v_0 \sqrt{1 + \frac{t}{T_0}} \tag{6}$$

가 된다. 여기에

$$v_0 = \sqrt{\frac{\gamma RT_0}{\mu}} \tag{7}$$

이다. 상온의 범위에서는 $t/T_0 \ll 1$이므로 식 (6)을 테일러 전개하면[*3]

$$v \approx v_0\left(1 + \frac{t}{2T_0}\right) = v_0 + \left(\frac{v_0}{2T_0}\right)t \tag{8}$$

가 된다. 여기에서 공기의 분자량 $\mu = 2.90 \times 10^{-2}$[kg/mol], 공기의 비열비 $\gamma = 1.40$을 이용해 계산하면 $v_0 = 331$[m/s], $v_0/2T_0 = 0.61$[m/s/℃]가 되어

$$v \approx 331 + 0.6t \tag{9}$$

를 얻을 수 있다.

[*3] $x \ll 1$일 때 $(1+x)^p \approx 1 + px$로 테일러 전개된다. 여기에서 p는 임의의 실수이다. 지금의 경우는 $p = 1/2$이다. 테일러 전개에 대해서는 [부록 B]의 p.220을 참조하세요.

◆ 음색과 음파의 중첩

만화 부분의 '악기의 소리'에서는 각각의 악기가 내는 소리가 사실은 하나뿐인 진동수를 가진 순수한 사인파가 아니라 많은 진동수의 사인파를 중첩시켜 그것이 다양한 악기 음색의 차이를 만든다는 것을 배웠다. 여기서는 사인파의 중첩에 대해 좀더 연구해 보자.

고정단에서 고정단까지의 길이가 L [m]인 현에 생기는 정상파의 진동수 f [Hz]는

$$f = \frac{nv}{2L} \quad (n=1, 2, 3, \cdots) \tag{10}$$

이었다. 여기에서 v [m/s]는 파동의 속도이다. 길이가 L [m]인 기타 현을 튕기면, 1, 2, 3···에 대응한 진동수

$$f = \frac{v}{2L}, \quad \frac{2v}{2L}, \quad \frac{3v}{2L}, \quad \frac{4v}{2L}, \quad \frac{5v}{2L}, \quad \cdots \tag{11}$$

를 갖는 사인파가 중첩된 정상파가 생긴다. 물론 주요한 기여를 하는 것은 기본 진동인 $f_0 = v/(2L)$ [Hz]인 파동이다. 위에서 말한 것은 기타에만 제한된 것이 아니라 일반적으로 어떤 악기 소리이든 해당된다. 즉 악기에서 들리는 소리는 일반적으로

$$a_1 \sin(2\pi f_0 t) + a_2 \sin[2\pi(2f_0)t] + a_3 \sin[2\pi(3f_0)t] + \cdots \tag{12}$$

와 같이 사인파 진동의 중첩으로 나타난다. 단, 중첩의 비율을 나타내는 $a_1, a_2, a_3, \cdots$의 값은 악기에 따라 제각각이며 이것이 음색의 차이를 나타내는 것이다.

사인파 진동의 중첩의 예로서 세 가지 사인파의 진동을 중첩시킨 식을 생각해 보자.

$$F(t) = \sin(2\pi f_0 t) - \frac{1}{2} \sin[2\pi(2f_0)t] + \frac{1}{3} \sin[2\pi(3f_0)t] \tag{13}$$

여기에서 $a_1 = 1$, $a_2 = -1/2$, $a_3 = 1/3$이다.

〈그림 3〉에 식 (13) 각항의 그래프를 보여 주고 있다. 〈그림 4〉는 그것들 모두를 중첩시킨 함수의 그래프이다.

또 p.114에 있는 진동수 분포 그래프의 '세기'는, 식 (13)의 계수 절대치 제곱에 해당하는 것인데[*4] 그것을 〈그림 5〉에 보여 주고 있다.

〈그림 4〉와 〈그림 5〉는 만화에서 보여 준 여러 가지 악기 소리를 나타내는 파형(p.112 및 p.115)과 진동수 분포의 그림 (p.113)의 의미를 도식적으로 나타낸 것이라고 할 수 있다. 물론 실제 악기의 음색은 더 복잡하여 이것을 재현하려면 매우 많은 삼각함수를 중첩시킬 필요가 있다. 그러기 위해 진동수 분포 역시 매우 많은 진동수의 성분을 지닌 것이 된다.

[*4] 파동의 세기는 파동 에너지에 비례하고, 파동 에너지는 진폭의 제곱에 비례한다. 5장의 문장 해설(p.211)을 참조하시오.

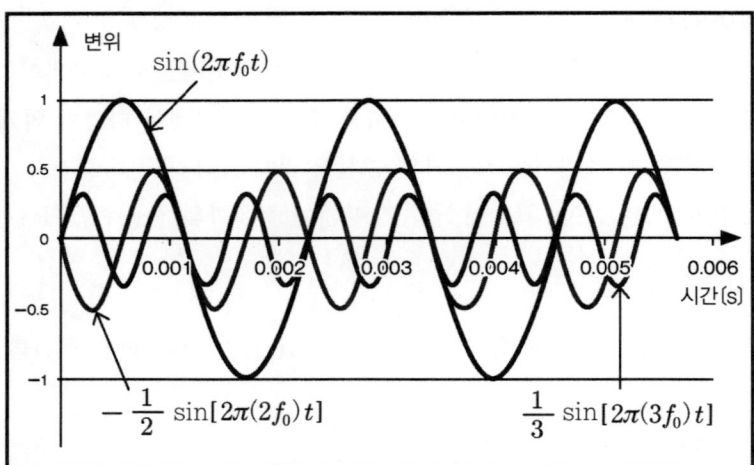

〈그림 3〉 식 (13)의 각 항 그래프

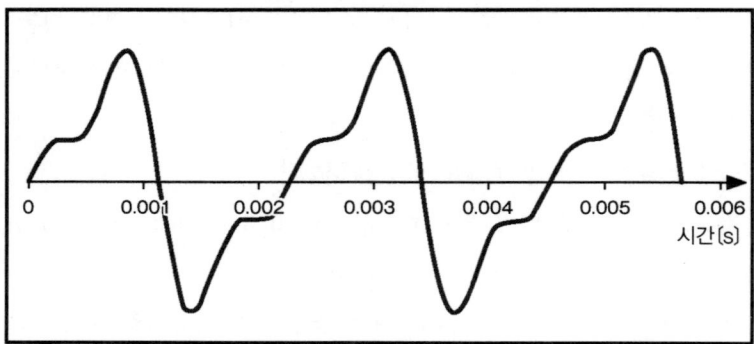

〈그림 4〉 중첩된 파동의 진동을 나타내는 '시간-변위' 그래프

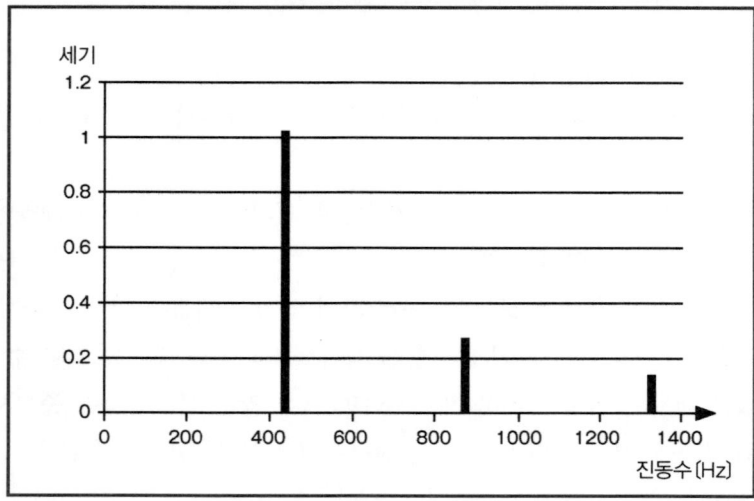

〈그림 5〉 파동의 세기의 진동수 분포

◆ 양끝이 열린 공기기둥의 보정

지금까지는 폐관의 공기기둥에 생기는 정상파의 파장 λ(m)와 길이 L(m)와의 관계식을

$$L = \frac{m\lambda}{2} + \frac{\lambda}{4} = \frac{2m+1}{4}\lambda \ (m=1,2,3,\cdots) \tag{14}$$

로 나타냈다.

그러나, 실제 공기기둥의 공명에서는, 공기기둥 단면의 반경이 클수록 이 식과는 차이가 생기게 된다. 끝이 열린 공기기둥 부근에서의 공기의 파동은 1차원적인 공기기둥 내의 파동에서 3차원적으로 퍼져가는 공기기둥 외부의 파동과 원활하게 연결되지 않으면 안 된다. 이것이 단순히 1차원적인 공기기둥만을 생각하고 있을 경우와 현실의 공기기둥 공명과의 차이를 생기게 하는 원인이다. 다행히도 이 차이는 비교적 간단히 보정할 수 있는 것을 알 수 있다. 구체적으로는 공기기둥의 길이를 실제보다도 약간 길다고 생각하고

$$L + \Delta l = \frac{m\lambda}{2} + \frac{\lambda}{4} = \frac{2m+1}{4}\lambda \ (m=1,2,3,\cdots) \tag{15}$$

이라고 하면 실험과 잘 맞게 된다. 식 (15)에 더해진 Δl(m)을, 양끝이 열린 공기기둥의 보정이라고 한다. 파장이 반경보다도 충분히 클 때인 양끝이 열린 공기기둥의 보정값은, 폐관의 반경을 a(m)라고 하면

$$\Delta l = 0.6a \tag{16}$$

정도가 된다.[*5] 식 (16)에서 같은 길이의 폐관이라면 공기기둥이 굵을수록 양끝이 열린 공기기둥의 보정의 영향이 커지는 것을 알 수 있다.

Jump Up

◆ 음파의 파동 방정식

음파의 파동 방정식은

운동 방정식, 질량의 보존, 기체의 상태 방정식

의 세 가지를 이용함으로써 도출된다.

먼저 운동 방정식을 세우자. 홀쭉한 공기기둥과 같은 1차원의 기체를 상정하고 그 안의 매

[*5] 단, 식 (16)을 도출하기 위해서는 매우 복잡한 계산을 하지 않으면 안 된다.

우 작은 부분의 운동을 생각하자(〈그림 6〉 참조).

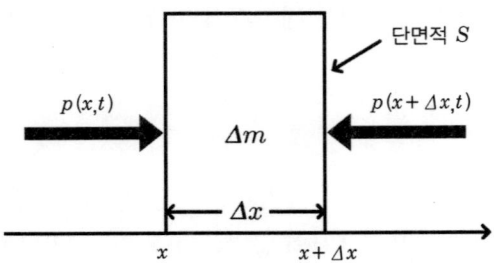

〈그림 6〉 공기의 매우 작은 부분에 더해지는 압력

이 미소 부분의 단면적을 S(일정), x축 방향의 폭을 Δx, 그 안에 포함된 기체 분자의 총 질량을 Δm, 기체의 평균 밀도를 ρ로 한다. 시각에서의 매우 작은 부분의 변위를 $u(x, t)$라고 하면 운동 방정식은

$$\Delta m \frac{\partial^2 u(x,t)}{\partial t^2} = F \tag{17}$$

로 주어진다. 미소 부분에 더해지는 힘 F는, 양면에 더해지는 압력을 $p(x,t)$, $p(x+\Delta x,t)$라 하면

$$F = [p(x,t) - p(x+\Delta x,t)]S \tag{18}$$

로 나타낸다. $\Delta m = \rho S \Delta x$인 것을 이용하면 식 (17), (18)에서

$$\rho \Delta x \frac{\partial^2 u(x,t)}{\partial t^2} = p(x,t) - p(x+\Delta x,t)$$

가 된다. 양변을 Δx로 나누어 $\Delta x \to 0$의 극한을 잡으면

$$\rho \frac{\partial^2 u(x,t)}{\partial t^2} = \frac{\partial p(x,t)}{\partial x} \tag{19}$$

를 얻는다. 식 (19)는 압력 변화가 기체의 가속도를 주는 것을 나타내는 방정식이다.

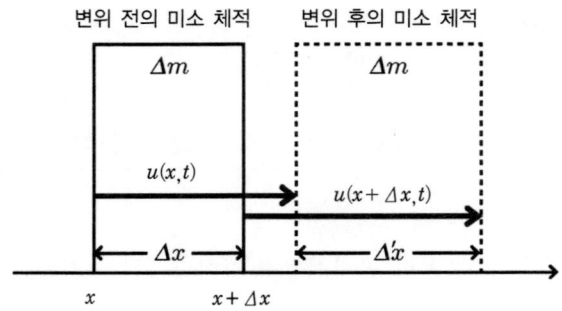

〈그림 7〉 질량을 일정하게 한 매우 작은 체적의 변위와 폭의 변화

다음으로 기체의 변위를 따라가는 밀도 변화에 대해 생각해 보자. 〈그림 7〉과 같이 변위 전의 평형 상태에 있는 질량 Δm인 매우 작은 부분의 폭 Δx가 변위에 의해 $\Delta x'$가 되었다고 한다. 변위 전후에서의 미소 체적 내에 있는 기체 분자의 총질량은 같다고 하므로 변위에 의한 밀도 변화를 $\rho'(x,t)$라 하면

$$\Delta m = \rho S \Delta x = (\rho + \rho') S \Delta x' \tag{20}$$

가 성립한다. 매우 작은 체적의 폭의 차 $\Delta x' - \Delta x$는 변위의 차

$$\Delta u = u(x+\Delta x, t) - u(x,t)$$

와 같으므로 $\Delta x' = \Delta x + \Delta u$로 나타낸다. 따라서 식 (20)은

$$\rho \Delta x = (\rho + \rho')(\Delta x + \Delta u) \tag{21}$$

가 된다. 미소 체적의 폭을 변위의 차보다도 훨씬 크게 잡기 $\Delta u \ll \Delta x$로 하고 밀도 변화가 평균 밀도에 비해 훨씬 작은 것($\rho' \ll \rho$을 고려하면 식 (21)의 마지막 항은 다른 항에 비해 무시할 수 있게 된다. 따라서

$$\rho' \Delta x = -\rho \Delta u$$

로 근사된다. 양변을 Δx로 나누어 $\Delta x \to 0$인 극한을 잡으면

$$\rho'(x,t) = -\rho \frac{\partial u(x,t)}{\partial x} \tag{22}$$

를 얻는다.

이번에는 밀도 변화와 압력 변화를 결부시켜 보자. 열역학에 의하면 열평형 상태에 있는 기체의 압력과 온도, 밀도(또는 체적)는 상태 방정식에 의해 결부되어 있다. 그렇기 때문에 압력을 밀도의 함수로서

$$p = f(\rho) \tag{23}$$

와 같이 둘 수가 있다. 평균 밀도가 ρ인 매우 작은 체적에 밀도 변화 $\rho'(x,t)$가 생기고 있을 때 압력도 평균치 $p'(x,t)$에서 만큼 차이가 난다고 하면 식 (23)은

$$p + p' = f(\rho, \rho')$$

로 나타난다. $\rho' \ll \rho$이므로 오른쪽 변을 1차까지 테일러 전개해서 ([부록 B]의 p.220 참조)

$$p + p' = f(\rho) + \frac{df(\rho)}{d\rho} \rho'$$

식 (23)을 사용하면

$$p' = a\rho' \tag{24}$$

를 얻는다. 단

$$a = \frac{df(\rho)}{d\rho} \tag{25}$$

로 두었다. 식 (24)에 식 (22)를 대입하면

$$p'(x,t) = -a\rho \frac{\partial u(x,t)}{\partial x} \tag{26}$$

를 얻는다. 여기에서 $p(x,t) = p + p'(x,t)$ 보다 $\partial p(x,t)/\partial x = \partial p'(x,t)/\partial x$가 성립됨에 유의하며 식 (26)을 식 (19)에 대입하면

$$\rho \frac{\partial^2 u(x,t)}{\partial t^2} = -\frac{\partial}{\partial x}[-a\rho \frac{\partial u(x,t)}{\partial x}]$$

가 된다. 이 식을 정리하여 $v = \sqrt{a}$로 놓으면 파동 방정식

$$\frac{1}{v^2}\frac{\partial^2 u(x,t)}{\partial t^2} = \frac{\partial^2 u(x,t)}{\partial t^2} \tag{27}$$

가 도출된다.

◈ 음속의 식 도출

음속 v는 식 (25)와 $v=\sqrt{a}$에서

$$v = \sqrt{\frac{df(\rho)}{d\rho}} \tag{28}$$

로 구체적인 $f(\rho)$의 표식을 주면 구할 수 있는 것을 알 수 있다. 음파가 전달될 때의 기체의 상태 변화는 **단열 변화**이고, 비열비를 γ로 두면 관계식

$$p = A\rho^\gamma \tag{29}$$

가 성립함을 알고 있다(A는 비례 상수). 그래서 $f(\rho)$에 식 (29)를 이용하면

$$\frac{df(\rho)}{d\rho} = \frac{d(A\rho^\gamma)}{d\rho} = \gamma A\rho^{\gamma-1} = \gamma\frac{p}{\rho} \tag{30}$$

로 계산된다. 단 마지막 등호에서는 다시 식 (29)를 이용했다. 식 (30)의 p에 보일-샤를의 공식

$$p = \frac{nRT}{V} \tag{31}$$

를 대입한 것을 식 (28)에 대입하면 음속 v는

$$v = \sqrt{\frac{\gamma nRT}{\rho V}} \tag{32}$$

가 된다. 보일-샤를의 공식 (31)의 는 분자수가 n(mol)일 때의 기체의 체적이므로 분자량 (1(mol) 당 기체의 질량)을 μ(kg/mol)로 두면

$$\mu = \frac{\rho V}{n} \tag{33}$$

의 관계에 있다. 식 (33)을 식 (32)에 대입하면 음속의 근사식을 도출할 때의 출발점이 된 식 (4)

$$v = \sqrt{\frac{\gamma RT}{\mu}}$$

가 도출된다.

◆ 기체의 변위와 밀도 변화의 관계

[Follow Up]에서 음파에 따른 밀도의 변화는 변위와 어긋남이 나는 점에 유의했다. (p.135). 이것은 식 (22)에서 정확히 알 수 있다. 예를 들어 변위가 사인파로 나타날 경우를 조사해 보자.

$$u(x,t) = A \sin\left(\frac{2\pi}{\lambda}x - 2\pi ft\right) \tag{34}$$

를 식 (22)에 대입하면

$$\rho'(x,t) = -\rho \frac{\partial}{\partial x} A \sin\left(\frac{2\pi}{\lambda}x - 2\pi ft\right) = -\rho \frac{2\pi}{\lambda} A \cos\left(\frac{2\pi}{\lambda}x - 2\pi ft\right) \tag{35}$$

로 계산된다. 식 (34)와 식 (35)를 늘어놓고 모식적으로 그린 것이 p.148의 〈그림 8〉이다. 변위와 밀도 변화의 대응관계는 〈그림 2〉(p.135)에 보여 준 대응관계와 일치해 있다. 특히 변위가 0인 위치에서는 밀도가 소 또는 밀이 되어 있어, 변위가 최대 또는 최소인 위치에서는 밀도 변화가 0이 되는 것을 그림뿐만 아니고 식에서도 확인해 두자. 또, 압력 변화는 밀도 변화에 비례하고 있는 것을 식 (24)에서 알 수 있다.

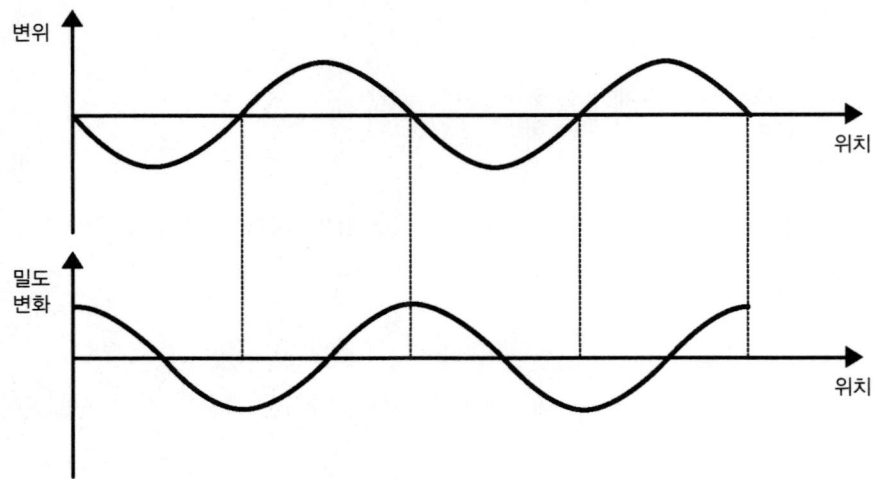

〈그림 8〉 음파의 변위와 밀도변화의 대응관계

4.1 음원이 운동하고 있을 때 들리는 소리

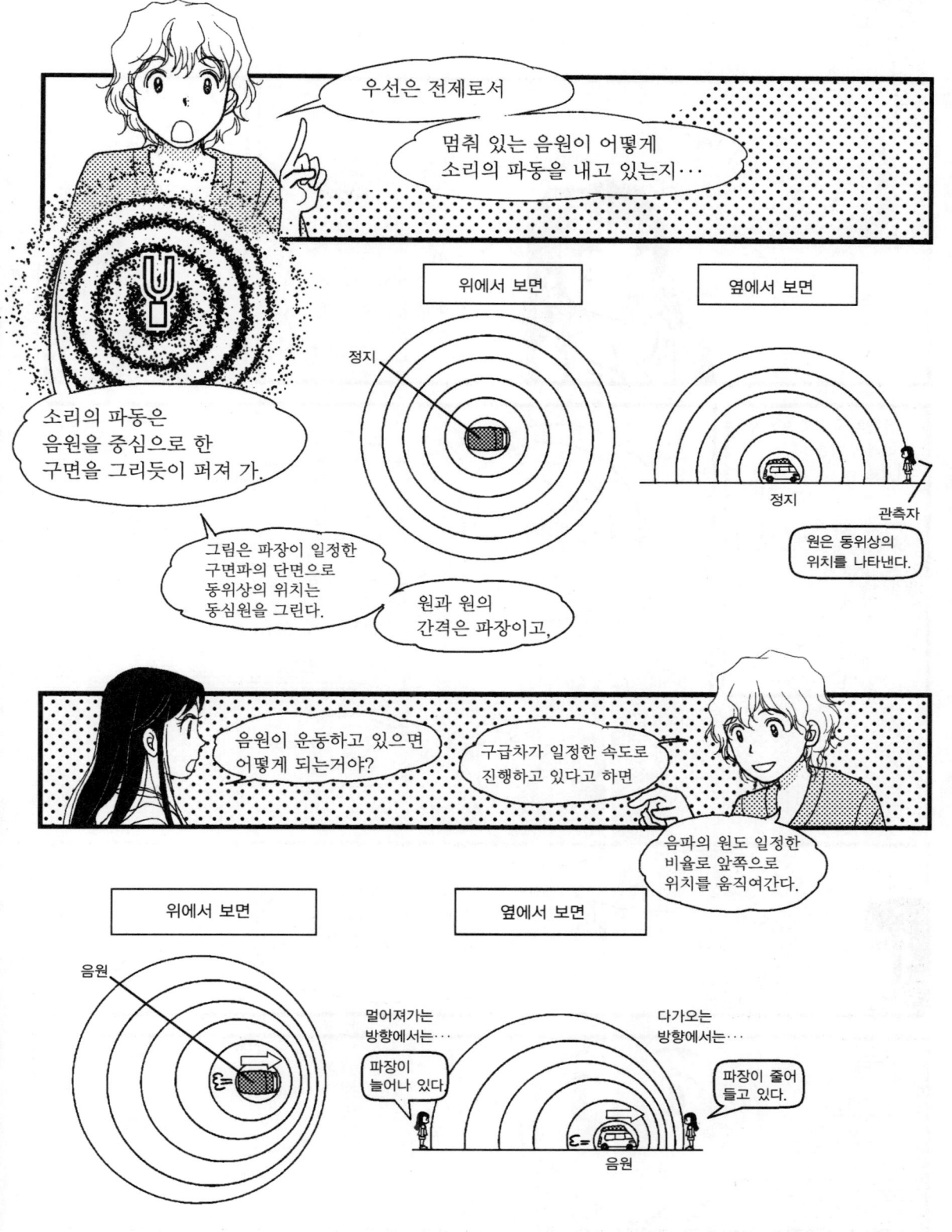

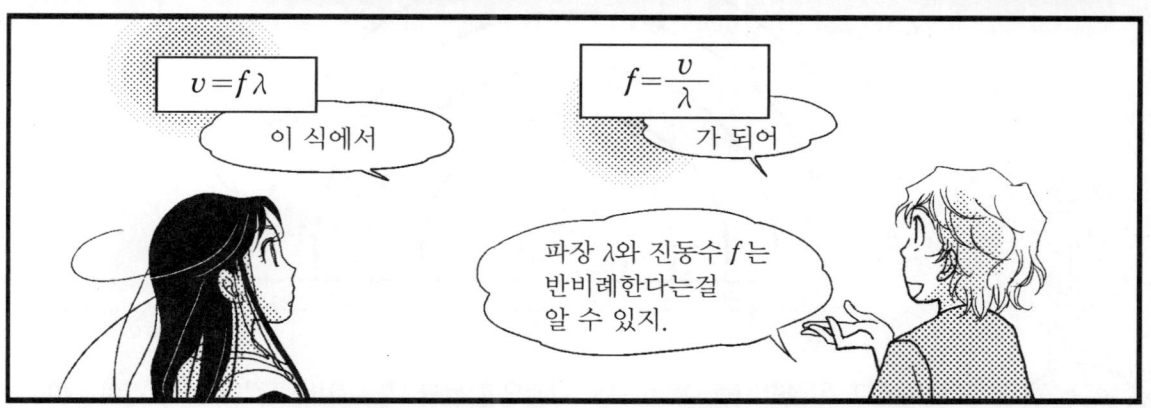

실험실 : 음원이 운동하고 있을 경우의 도플러 효과의 식

실제로 얼마나 소리의 높이가 변화하는지를 알기 위해서는 도플러 효과를 식으로 나타낼 필요가 있어. 그걸 구해 보자. 우선, 음원이 정지해 있을 경우의 복습. 그림의 음속을 v [m/s]라 하면 음파는 한 주기의 시간 T[s] 사이에 1 파장 λ[m]의 거리를 진행한다. 거리＝속도×시간이니까

$$\lambda = vT$$

가 성립되지.

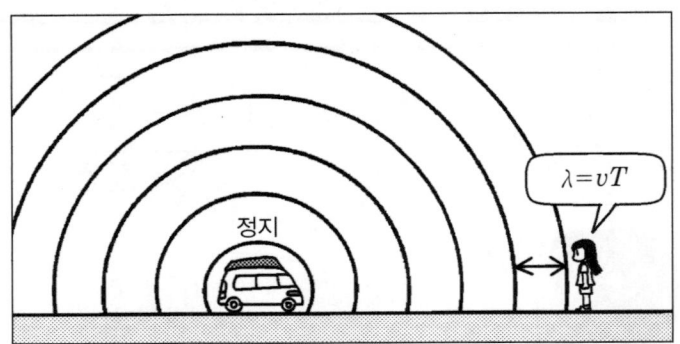

한편 음원이 일정한 속도 V[m/s]로 다가오고 있을 때는 그림과 같이 시간 T[s] 사이에 자동차가 진행하는 거리 VT[m] 만큼, 위의 식보다도 파장은 작아져. 그 파장을 λ'[m]라 하면

$$\lambda' = vT - VT = (v-V)T$$

로 나타난다.

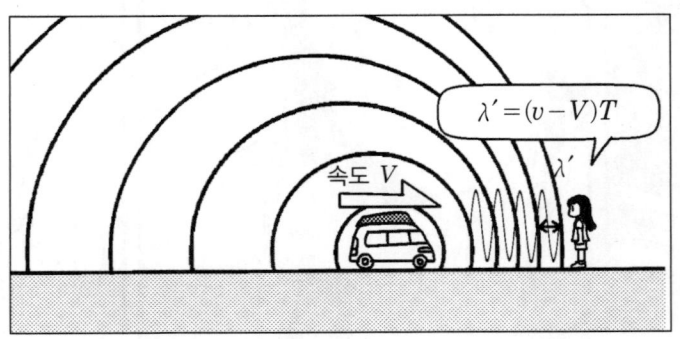

이들 두 식에서 T를 소거하면

$$\frac{\lambda}{\lambda'} = \frac{v}{v-V}$$

가 되지. 들리는 진동수를 f'(Hz)라 하면 파장과 진동수의 관계식 $v=f\lambda$(파동의 속도=진동수×파장)에서 진동수에 대해 얻어지는 식

$$f = \frac{v}{\lambda} \quad f' = \frac{v}{\lambda'}$$

를 사용해

$$\frac{f'}{f} = \frac{\lambda}{\lambda'} = \frac{v}{v-V}$$

가 되지. 따라서 음원이 다가올 때의 도플러 효과의 식

$$\boxed{f' = \frac{v}{v-V} f}$$

를 얻을 수가 있어.

음원이 멀어져 갈 때의 도플러 효과도 마찬가지로 구할 수가 있어. 멀어질 경우는 자동차가 진행하는 거리 VT(m) 만큼 파장은 커져. 그 파장을 $\lambda'' =$ (m)로 하면

$$\lambda'' = vT + VT = (v+V)T$$

로 나타나지. 이것은 다가올 경우의 속도 V를 멀어질 경우의 속도 $-V$로 한 식이야. 따라서 들리는 진동수를 f''(Hz)라고 하면

$$\boxed{f'' = \frac{v}{v+V} f}$$

가 되는 것을 알 수 있어.

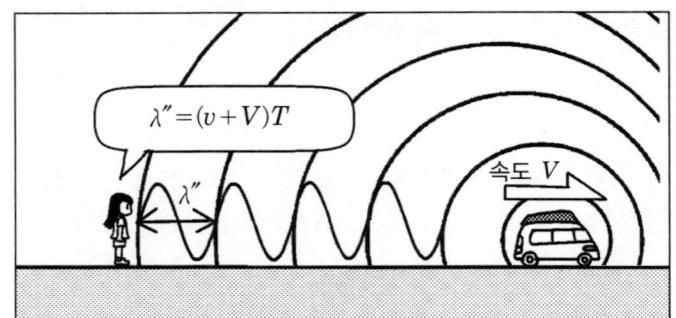

이 식을 사용하면 실제 구급차 사이렌 소리가 얼마나 변화하는지를 계산할 수 있어?

영호 : 구급차 사이렌 소리인 "삐-뽀-삐-뽀"는, 960(Hz)와 770(Hz)인 두 음정으로 생기는 거야. 예를 들어, 시속 72(km)로 다가오는 구급차가 내고 있는 $f=960$(Hz)인 소리의 진동수가 얼마나 변화하는지를 구해 보자.

우선, 공기 중의 음속 v(m/s)가 필요한데 여기에서는 $v=340$(m/s)로 하자. 다가오는 구급차의 속도 V를 초속으로 고치면, $V=72$(km)$=72 \times 1000$(m)$/3600$(s)$=20$(m/s)가 되지. 이들의 값을 p.157에서 구한 식에 대입하면

$$f' = \frac{v}{v-V}f = \frac{340}{340-20} \times 960 = 1020 \text{(Hz)}$$

가 되니까 60Hz만큼 높게 들린다는 거야. 구급차가 속도로 멀어져 갈 때는

$$f'' = \frac{v}{v+V}f = \frac{340}{340+20} \times 960 = 907 \text{(Hz)}$$

가 되어 53(Hz) 정도 소리가 낮게 들리지. 그러니까 눈앞에 구급차가 지나갈 때는 1020(Hz)−907(Hz)=113(Hz)나 소리의 높이가 다르게 들리는 거지.

1. 관측자가 움직이고 있을 때 들리는 소리

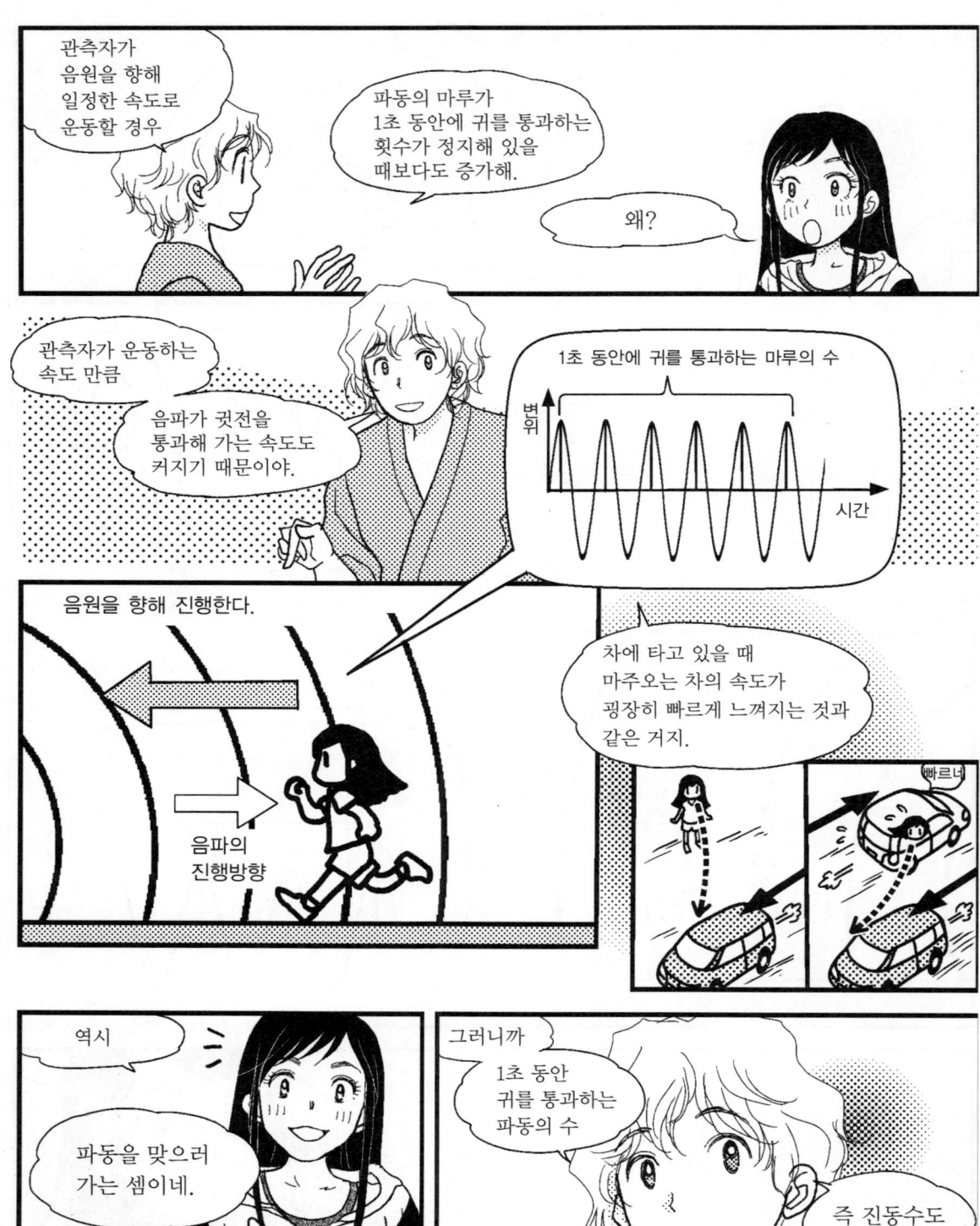

실험실 관측자가 운동하고 있을 경우의 도플러 효과의 식

관측자가 운동하고 있을 경우도 식으로 생각해 보자. 우선은 복습. 관측자가 정지해 있을 때의 진동수 f (Hz)는 파장을 λ (m), 파동의 속도를 v (m/s)라 하면

$$f = \frac{v}{\lambda}$$

로 나타나지?

그렇지.

다음에, 관측자가 일정한 속도 u (m/s)로 음원에 다가갈 경우를 생각하자. 이 경우 관측자에게 있어 음파는 속도 $v+u$ (m/s)로 진행하고 있는 것처럼 관측되니까 진동수 f' (Hz)는

$$f'' = \frac{v+u}{\lambda}$$

가 되지. 이 두 식에서 λ을 소거해서 진동수의 관계식을 구하면

$$\boxed{f' = \frac{v+u}{v} f}$$

가 되는 거지. 이번에는 관측자가 음원에서 멀어져 갈 경우를 생각하자. 멀어지는 속도를 $-u$ (m/s)라 하면, 관측자에게 있어 음파는 속도 $v-u$로 진행하고 있는 것처럼 관측되지. 그러니까 들리는 진동수를 f'' (Hz)라 하면

$$\boxed{f'' = \frac{v-u}{v} f}$$

가 성립하게 되지.

이 식을 사용하면 실제 구급차의 사이렌 소리가 얼마나 변화하는지를 계산할 수 있어?

제4장 도플러 효과 163

관측자가 일정한 속도로 운동하고 있을 경우의 도플러 효과로 얼마나 진동수가 차이가 나는지를 구체적인 예로 계산해 보자. 건널목 경보기에 시속 72(km)로 똑바로 향하는 열차를 타고 있는 관측자를 생각하자. 경보기 소리는 구급차 사이렌 소리처럼 정해진 진동수를 내고 있는 것은 아니지만 여기에서는 비교를 위해 경보기가 내고 있는 소리의 진동수를 $f=960$(Hz)로 해 두자. 공기 중의 음속 역시 앞과 마찬가지로 $v=340$(m/s)로 하면 $u=72$(km/h)$=20$(m/s)이니까

$$f' = \frac{v+u}{v}f = \frac{340+20}{340} \times 960 = 1016 \text{(Hz)}$$

가 되지.
앞에 계산했던 정지해 있는 관측자가 시속 72(km)로 향해 오는 구급차가 내고 있는 $f=960$(Hz)인 소리의 진동수는 $f'=1020$(Hz)로 관측된다는 계산 결과였어. 마찬가지로 이번에는 관측자가 시속 72(km)로 음원에서 멀어져 갈 때를 구해 보면

$$f'' = \frac{v-u}{v}f = \frac{340-20}{340} \times 960 = 904 \text{(Hz)}$$

가 되지.

같은 도플러 효과라고 해도
- 음원이 운동하고 있고, 관측자가 정지해 있을 경우
- 음원이 정지해 있고, 관측자가 운동하고 있을 경우

에 따라 식이 달라지고 수치도 달라지는 거구나!

■ 속도 측정기

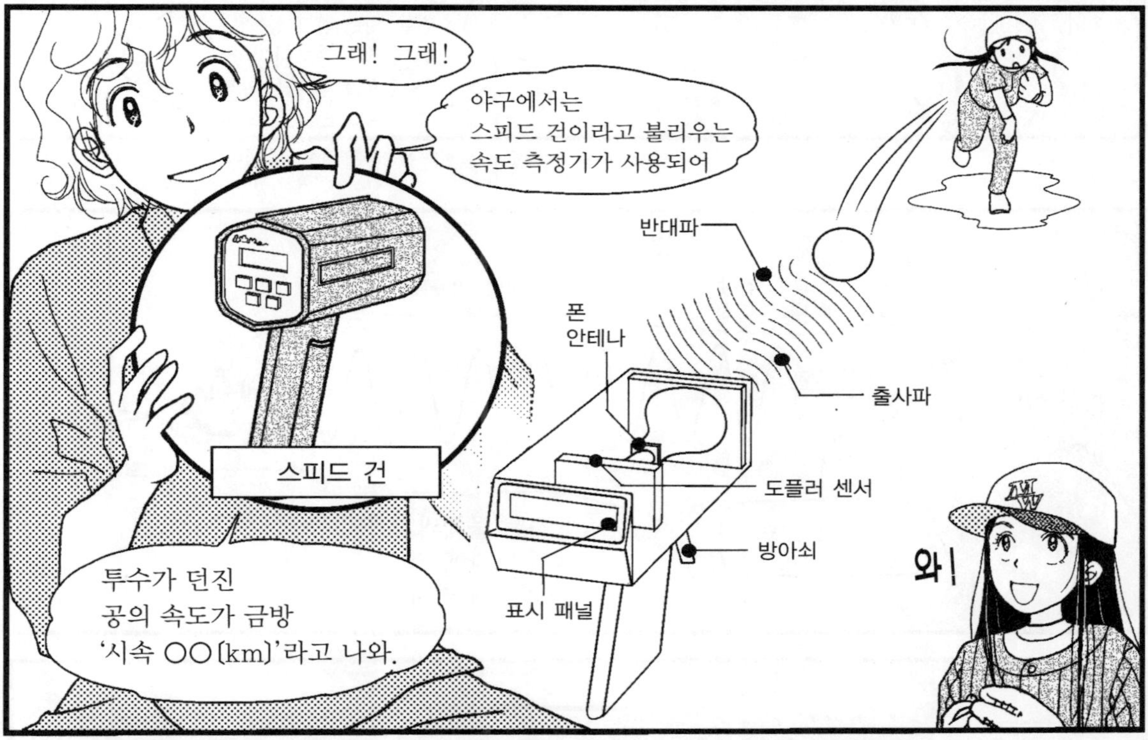

제4장 도플러 효과

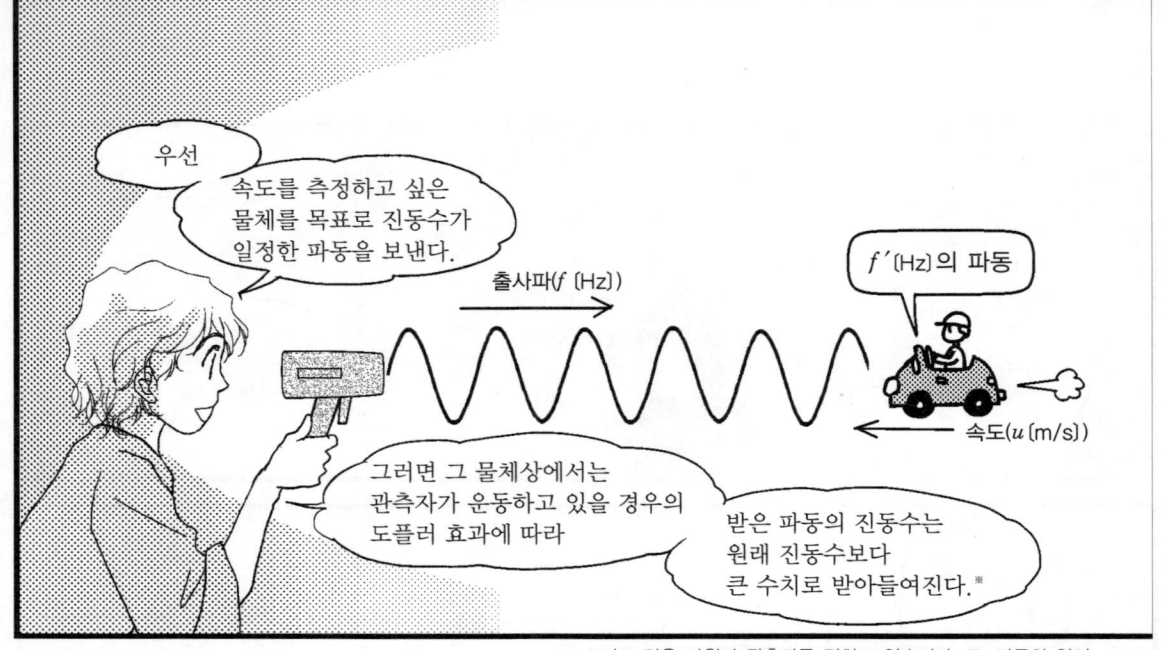
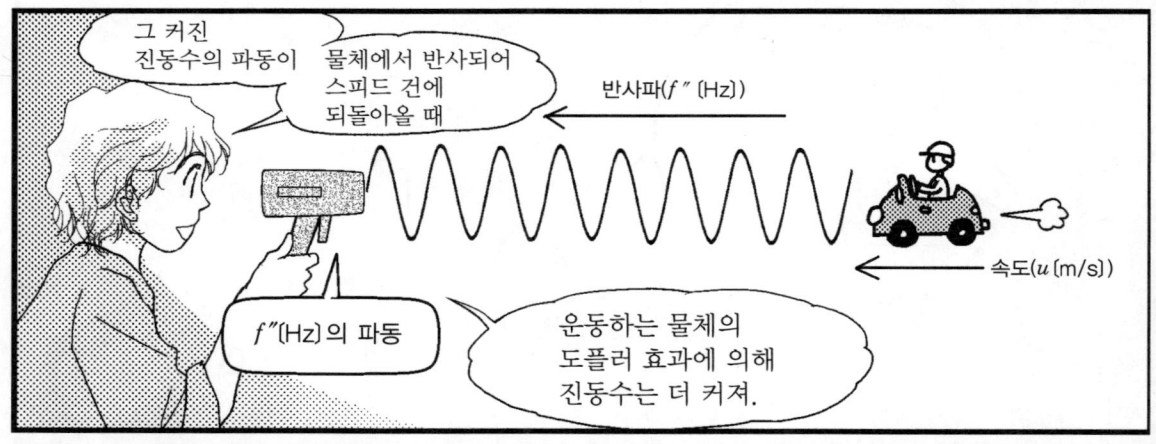
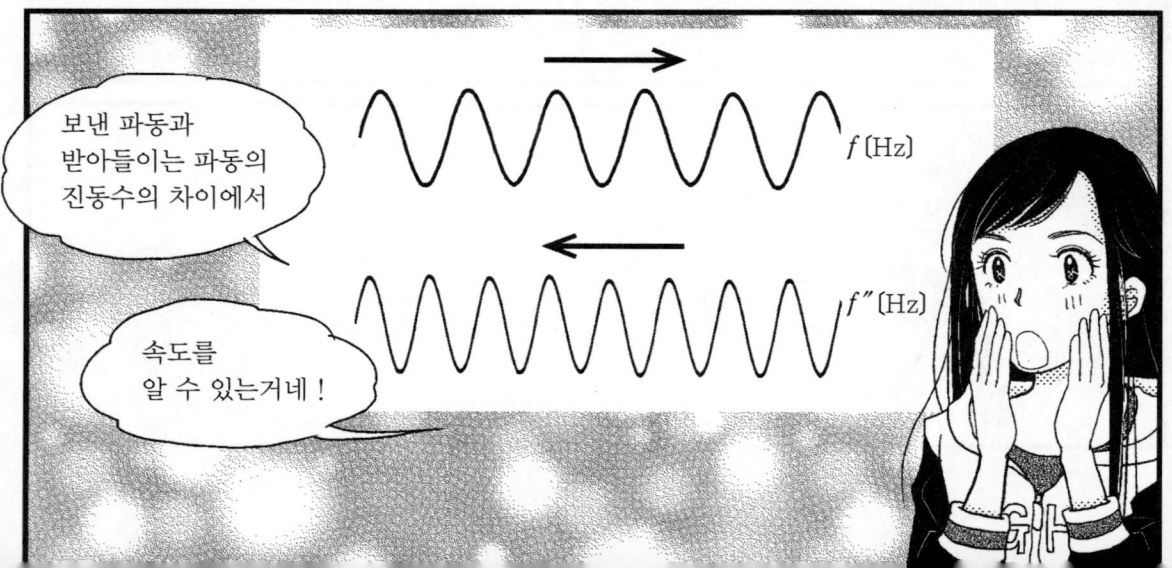

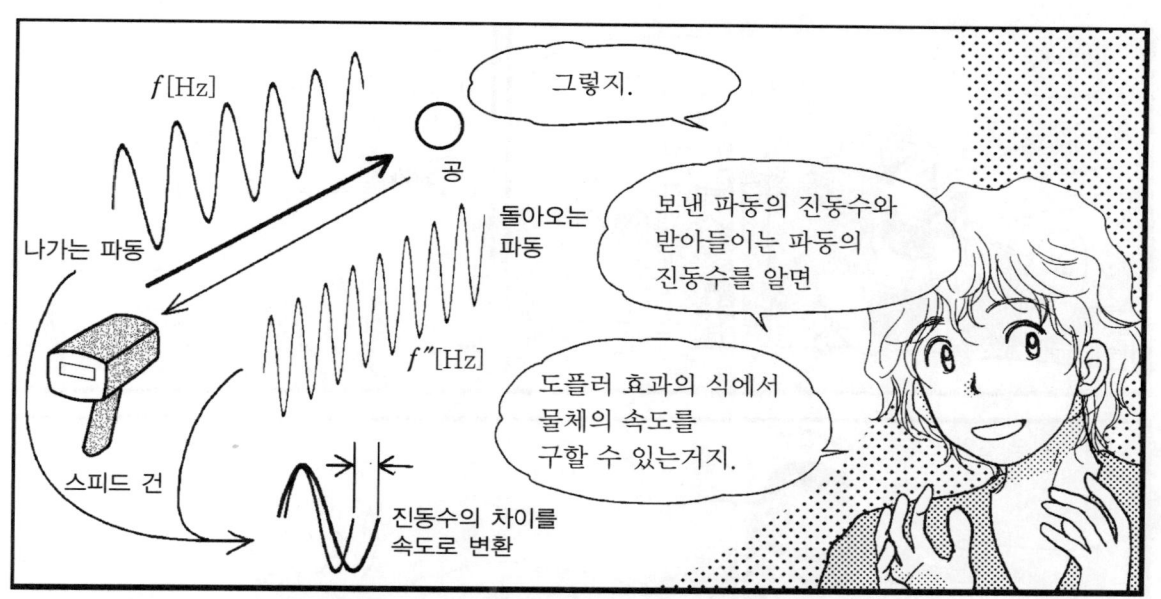

※음속은 약 340[m/s], 광속은 30×10^8[m/s]이므로, 빛은 소리보다도 백만 배 가까이 빠르게 됩니(p.116 참조)

∟Follow Up

◈ 음원과 관측자가 같이 움직이고 있을 때의 도플러 효과

　만화에서는
　(i) 관측자가 정지해 있고, 음원이 운동하고 있을 경우
　(ii) 음원이 정지해 있고, 관측자가 운동하고 있을 경우
인 두 경우의 도플러 효과를 배웠다.

　현실에서는 음원과 관측자 모두 운동하고 있을 경우가 있다. 여기에서는 음원과 관측자가 같이 운동하고 있을 경우의 도플러 효과에 대해 식을 이용하면서 생각해 보자. 이 경우의 도플러 효과는 위의 (i)(ii)를 조합해서 생각하게 된다. 또 여기에서는 음원과 물체는 동일 직선상을 운동하고 있다고 한다.

　우선, 음원이 정지해 있을 때의 파장에 대해 복습하자. 음속을 v〔m/s〕라 하면 음파는 한 주기의 시간 T〔s〕사이에 파장 λ〔m〕의 거리를 진행하므로

$$\lambda = vT \tag{1}$$

가 성립한다.

　음원이 일정한 속도 v〔m/s〕로 관측자에게 다가오고 있을 때는, 파동의 주기 T〔s〕사이에 자동차가 진행하는 거리 vT〔m〕만큼, 위의 식보다도 파장은 짧아진다. 그 파장을 λ'〔m〕라 하면

$$\lambda' = vT - VT = (v-V)T \tag{2}$$

가 되는 것이었다(p.156 참조).

　다음으로 관측자가 정지한 음원을 향해 일정한 속도 u〔m/s〕로 운동하고 있을 경우를 복습하자. 이 경우 관측자에 있어서 음파는 속도 $v+u$〔m/s〕로 자신을 향해 오게 되므로 관측되는 음파의 주기 T'〔s〕는 「1파장의 길이 (λ)÷향해 오는 파동의 속도($v+u$)」로서 구해져

$$T' = \frac{\lambda}{v+u} \tag{3}$$

가 되는 것이었다(p.163 참조).

〈그림 1〉 음원과 관측자가 같이 다가가도록 운동하고 있을 경우

그런데 〈그림 1〉처럼 관측자가 음원을 향해 일정한 속도 u[m/s]로 운동하고 있고, 또 음원이 일정한 속도 V[m/s]로 관측자에게 다가오고 있다고 하면, 운동하고 있는 관측자가 받는 음파의 파장은, 음원이 정지해 있을 경우의 파장 λ[m]이 아니고 식 (2)에서 나타난 음원이 움직이고 있을 경우의 파장 λ'[m]이 될 것이다. 따라서 음원과 관측자 모두 운동하고 있을 경우에 관측되는 음파의 주기를 T''[s]라 하면

$$T'' = \frac{\lambda'}{v+u} \tag{4}$$

이 된다. 식 (4)에 식 (2)를 대입하여 를 소거하면

$$T'' = \frac{v-V}{v+u} T \tag{5}$$

가 된다. 주기와 진동수의 관계식 $f''=1/T''$, $f=1/T$를 사용해 진동수의 식으로 고치면

(A) 음원과 관측자가 함께 다가갈 경우의 식

$$f'' = \frac{v+u}{v-V} f \tag{6}$$

를 얻는다.

음원이 관측자로부터 멀어져 갈 경우는 V 대신에 $-V$를, 관측자가 음원에서 멀어질 경우는 u 대신에 $-u$를 사용함으로써 각 경우의 도플러 효과의 식을 얻을 수 있다. 즉

(B) 음원이 관측자로부터 멀어지고 관측자가 음원에 다가갈 경우

$$f'' = \frac{v+u}{v+V} f \tag{7}$$

(C) 음원이 관측자에게 다가가고 관측자가 음원에서 멀어질 경우

$$f'' = \frac{v-u}{v-V} f \tag{8}$$

(D) 음원과 관측자가 함께 멀어질 경우

$$f'' = \frac{v-u}{v+V} f \tag{9}$$

와 같이 각각 나타난다. 또 u와 V는 모두 속도를 나타낸다고 하고 있으므로 항상 플러스인 점에 유의하자. 또 이 네 가지 경우의 식 (6)~(9)를 따로따로 기억할 필요는 없다. "음원이 관측자를 향해 올 경우는 진동수가 커지고 멀어질 때는 작아진다. 한편, 관측자가 음원에 다가가는 운동을 하면 진동수는 커지고, 멀어지는 운동을 하면 작아진다."」는 것을 이해하는 것이 중요하다. 그렇게 하면, (A)의 경우의 식 (6)만 기억해 두고, 다음은 부호를 바꾸면 모두 이끌어 낼 수 있다. 물론 가장 좋은 것은, 식 (6)을 전부 암기하는 것이 아니라 아무것도 보지 않고 이끌어 낼 수 있게 되는 것이다.

◆ 스피드 건의 원리

스피드 건의 원리를 식을 이용해 생각해 보자. 실제의 스피드 건은 전자파를 사용하고 있지만 여기에서는 원리를 이해함을 목적으로 해서 음파로 생각한다.

우선, 스피드 건에서 나온 진동수 f[Hz]인 음파를, 스피드 건을 향해 속도 u[m/s]로 운동하고 있는 자동차에서 관측할 때의 진동수 f'[Hz]를 생각하자(〈그림 2〉 참조). 이것은 "음원(스피드 건)이 정지해 있고 관측자(자동차)가 속도 u[m/s]로 음원에 다가가도록 운동하고 있을 경우의 도플러 효과"의 식으로 나타난다.

$$f' = \frac{v+u}{v} f \tag{10}$$

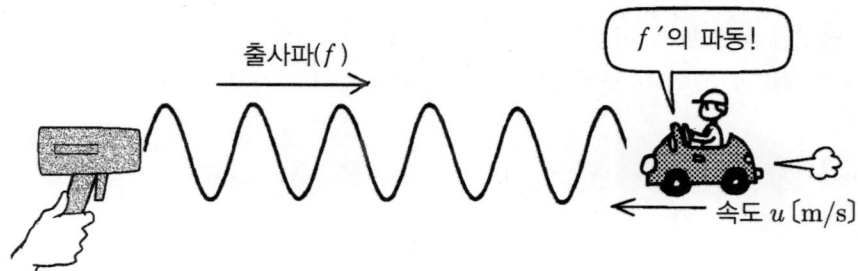

〈그림 2〉 스피드건으로부터의 음파를 자동차가 받을 때의 도플러 효과

다음에 관측자(자동차)가 받은 음파와 같은 진동수의 음파를 스피드 건을 향해 송출하는 것을 생각한다(〈그림 3〉 참조). 이 상황은 실제로는 스피드 건에서 나온 음파가 자동차에서 반사됨에 따라 스피드 건으로 되돌아오는 과정에 해당한다.[1] 스피드 건이 받는 음파의 진동수를 f''(Hz)라 하면 이 진동수는 "관측자(이 경우는 스피드 건)가 정지해 있고 음원(이 경우는 자동차)이 관측자에게 다가가도록 운동하고 있을 경우의 도플러 효과"의 식에서

$$f'' = \frac{v}{v-u} f' \tag{11}$$

가 된다.

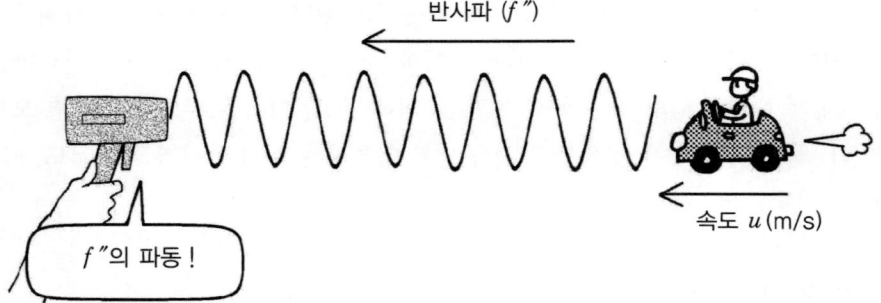

그림 3 자동차에서 반사된 음파를 스피드 건이 받을 때의 도플러 효과

식 (10)과 식 (11)에서 f'을 소거하면

$$f'' = \frac{v+u}{v-u} f \tag{12}$$

를 얻는다. 이 식을 에 대해 구하면

$$u = \frac{f''-f}{f''+f} v \tag{13}$$

가 된다. 따라서 음속 u(m/s), 스피드 건이 낸 진동수 f(Hz), 되돌아온 진동수 f''(Hz)를 알면 자동차의 속도 u(m/s)가 구해지게 된다. 이것이 스피드 건의 원리이다.

---

[1] 물체에서 반사할 때 파동의 진동수는 변화하지 않는다.

문 4. 그림과 같이 정지한 관측자에 대해, 속도 V(m/s)로 멀어지게 소리를 내면서 진행하고 있는 물체가 있다. 음속을 v(m/s), 물체가 정지해 있을 때의 소리의 진동수를 f (Hz)라고 한다.

(1) 관측자가 듣는, 물체가 내고 있는 소리의 진동수(Hz)는 얼마입니까?

(2) 물체의 앞쪽에 반사판을 둔다. 이때, 관측자에게 미치는 반사판에서 되돌아온 소리의 진동수 f''(Hz)는 얼마입니까?

(3) 반사파가 있을 때, 관측자가 듣는 소리에는 맥놀이가 생긴다. 1초당 맥놀이의 횟수는 얼마입니까?

관측자　　　소리를 내면서 진행하는 물체　　　반사판

정답

(1) 정지한 관측자에 대해, 음원이 멀어져 갈 경우의 도플러 효과의 식이다.

$$f' = \frac{v}{v+V} f \text{(Hz)}$$

(2) 반사할 때에 음파의 진동수는 변화하지 않으므로 반사판의 위치에서 관측되는, 음원이 다가올 경우의 도플러 효과의 식과 동일해진다.

$$f'' = \frac{v}{v-V} f \text{(Hz)}$$

(3) 1초당 맥놀이 횟수의 식 (p.132)에 (1), (2)의 결과를 대입한다.

$$N = |f'' - f'| = \left| \frac{v}{v-V} f - \frac{v}{v+V} f \right| = \frac{2vV}{v^2 - V^2} f$$

(N의 단위는 진동수와 같은 (Hz)가 된다.)

제4장 도플러 효과

Step Up

◆ 경사진 방향의 도플러 효과

일상생활에서 경험하는 도플러 효과는, 음원과 관측자가 일직선상에 있을 때보다도 음원이 떨어진 곳을 통과해 갈 경우가 대부분이다(〈그림 4〉참조). 이와 같은 일반적인 경우를 생각해 보자.

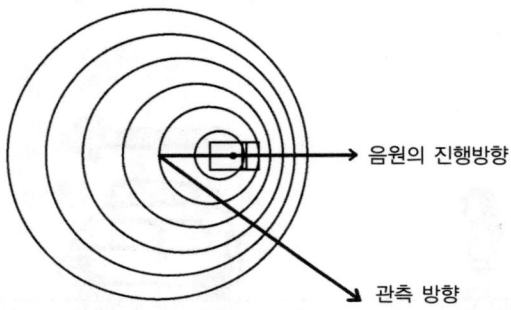

〈그림 4〉 음원의 운동방향과 관측자의 방향이 일치하지 않을 경우의 도플러 효과

관측자는 음원에서 충분히 떨어져 있다고 하자. 이때 관측자 위치에서는 음파는 파장이 일정한 **평면파**로서 관측된다고 생각할 수 있다. 음원의 속도를 V(m/s), 진행 방향과 관측자 방향에서 만드는 각도를 θ(rad), 관측되는 파장을 λ'(m)라 하면 음원이 관측자 방향으로 진행하는 속도는 $V\cos\theta$(m/s)가 되므로(〈그림 5〉참조), 이 속도를 "관측자가 정지해 있고 음원이 운동하고 있을 경우의 도플러 효과"의 식 (p.157)에 사용하면 되는 것이다. 따라서

$$f' = \frac{v}{v - V\cos\theta} f \tag{14}$$

를 얻는다.

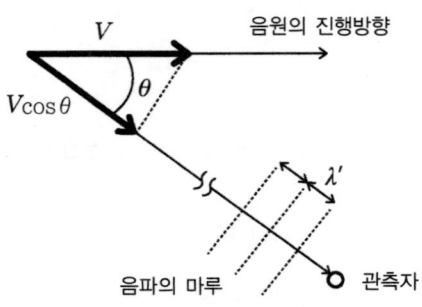

〈그림 5〉 관측방향의 속도와 관측되는 파장

얻은 식을 이용해 구급차가 자신의 앞길을 통과해 갈 경우의 도플러 효과에 대해 생각해 보자. 진동수는 어떻게 변화할까? 우선 먼 곳에 구급차가 있을 때는 구급차의 진행 방향과 자신의 방향이 만드는 각도는 매우 작으므로 1차원 경우의 식

$$f' = \frac{v}{v-V} f \tag{15}$$

로 근사적으로 나타나는 진동수로 관측될 것이다. 이것은 식 (14)에서 $\theta \ll 1$일 때 $\cos\theta$로 할 때, $\cos\theta \approx 1$ 근사한 경우에 해당한다. 구급차가 다가옴에 따라 각도 θ는 커진다(〈그림 6〉 참조). 그것에 따라 $V\cos\theta$가 작아지기 때문에 식 (14)의 분모가 커진다. 따라서 도플러 효과에 의해 높게 들리는 소리가 점점 낮아진다. 그리고 $\theta=\pi/2$가 될 때, 즉 눈앞에 구급차가 지나가는 순간, 식 (14)에서 $f'=f$, 즉 진동수는 구급차가 정지해 있을 때와 같은 높이의 소리가 된다. 그 후, 구급차가 멀어지기 시작하면 $\theta>\pi/2$가 되어 $\cos\theta<0$이 되고, 식 (14)에서 $f'<f$, 즉 소리가 정지해 있을 경우보다도 낮은 음으로 들리기 시작하는 것을 알 수 있다. 그리고 그 값은 구급차가 멀리 갔을 경우의 근사적인 값

$$f' = \frac{v}{v+V} f \tag{16}$$

에 가까워진다.

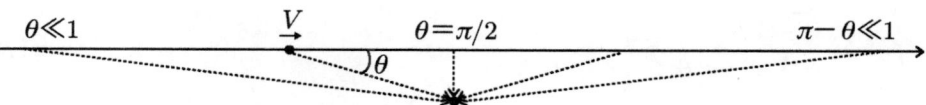

〈그림 6〉 물체의 운동과 도플러 효과에 영향을 미치는 각도의 변화

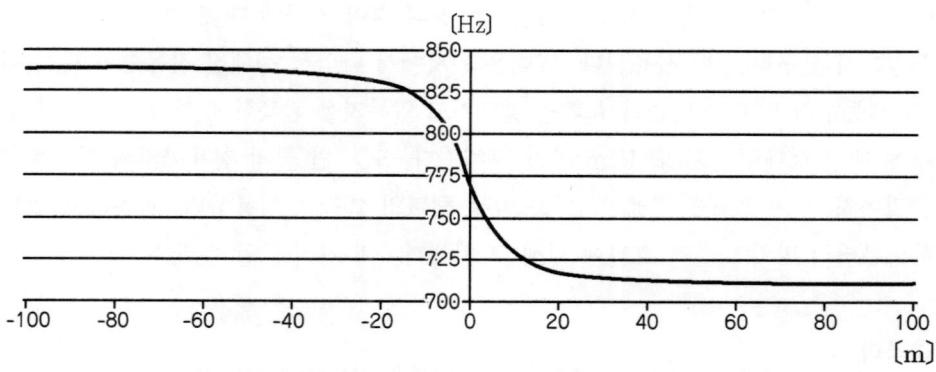

〈그림 7〉 떨어진 곳을 통과하는 자동차에서의 도플러 효과

〈그림 7〉은 10m 떨어진 길을 100(km/h)로 통과하는 자동차의 도플러 효과인 진동수 변화를 나타낸 그래프이다. 정지해 있을 때의 소리를 770(Hz)로 해서 계산되어 있다. 1차원 경우의 식을 사용해 도플러 효과를 계산하면, 다가갈 때는 839(Hz), 멀어질 때는 712(Hz)가 된다(각자 계산해서 확인한다). 〈그림 7〉에서 자동차와의 거리가 20~30(m) 정도일 때 진동수가 크게 변화하지만 그것보다도 떨어져 있을 경우는 거의 일정해서 1차원일 경우와 그다지 다르지 않음을 알 수 있다(〈그림 7〉의 가로축은, $\theta=\pi/2$일 때의 자동차의 위치를 0(m)로 잡고 있다). 구급차나 경찰차가 눈앞을 지나갈 때 갑자기 고음에서 저음으로 변화해서 들리는데 이것은 〈그림 7〉의 그래프에서 보여 준 도플러 효과의 급격한 변화에 따른 것이다.

◆ **빛의 도플러 효과**

빛(전자파)은 파동이므로 음파와 마찬가지로 도플러 효과를 받는다. 단, 빛을 바르게 나타내기 위해서는 광속도 불변의 원리나 상대성 원리가 필요해진다. 즉, **빛의 도플러 효과**를 바르게 이끌어 내기 위해서는 상대성 이론을 빼놓을 수 없다. 유감스럽지만 이 책에서는 상대성 이론을 설명할 여유가 없으므로 여기에서는 결과만을 보여 준다. 관측자에 대해 경사진 방향으로 운동하고 있는 물체에서 나온 진동수 f(Hz)인 빛의 도플러 효과의 식은, 빛의 속도를 c(m/s)라 하면

$$f' = \frac{\sqrt{1-(V/c)^2}}{1-(V/c)\cos\theta} f \tag{17}$$

가 된다. 복잡해 보이지만 물체의 속도가 빛의 속도보다도 훨씬 작을 때는 분자 $(V/c)^2$를 무시할 수 있어 식 (17)은 근사적으로 $f' = f/(1-(V/c)\cos\theta)$가 된다. 이 식은 c를 v로 치환하면 식 (14)와 일치한다. 빛의 도플러 효과의 식은, 먼 곳의 별이 지구에 대해 얼마만큼의 속도로 진행하고 있는지를 구하는 데 사용된다. 별빛은 원자에서 나와서 정해진 진동수의 빛이 섞여 있는데, 그 진동수가 얼마나 도플러 효과를 일으키고 있는지를 관측함에 따라 식 (17)에서 그 별의 지구에 대한 상대적인 속도 V(m/s)가 구해진다. 또, "먼 곳의 천체까지의 거리는 우리들로부터 멀어져 가는 속도에 비례한다."고 하는 **허블의 법칙**을 이용하면, 관측하고 있는 별이나 은하로부터의 빛의 도플러 효과에 의해 그 천체까지의 거리를 알 수 있는 것이다.

◆ **충격파**

음원이 운동하고 있을 경우의 도플러 효과의 설명에 이용한 동심원은, 음원의 속도가 음속에 다가가면 다가갈수록 앞쪽으로 치우친다. 그리고 가 됐을 때 파면을 나타내는 원은 한 점

에서 접한다. 또 운동하는 물체가 음속보다 빨라지는, 즉 $V>v$되면(이와 같은 속도를 초음속이라고 함), 〈그림 8〉과 같이 파면을 나타내는 동심원의 접선은 원추를 만들게 된다. 이 원추는 **마하 콘**(Mach cone)이라고 일컬어진다. 마하 콘은 모든 동위상의 파면이 접하는 면을 나타내고 있다. 즉, 항상 음파가 서로 강해지게 중첩되어 있는 것이다. 따라서 마하 콘에 대해 수직 방향으로 강한 음파가 형성된다. 이것을 **충격파**라고 부른다. 초음속 제트기가 통과할 때 지면을 뒤흔들 듯한 음파의 충격파가 미치는 경우가 있다.

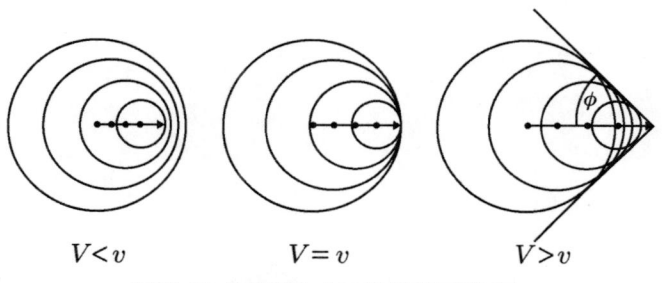

〈그림 8〉 충격파와 속도의 관계(마하 콘)

충격파가 관측되는 각도는 〈그림 9〉에서 간단히 구해져

$$\cos\theta = \frac{v}{V} \tag{18}$$

가 된다. $\cos\theta \leq 1$이므로 충격파가 생기기 위해서는 물체의 속도가 파동의 속도(이 경우는 음속)를 넘어서지 않으면 안 되는 것을 알 수 있다.

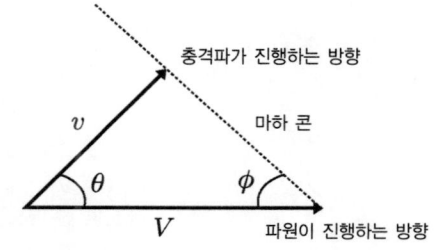

〈그림 9〉 충격파가 관측되는 각도

재미있는 것은 빛에도 충격파가 생긴다는 점이다. 아인슈타인의 상대성 이론에 의하면 진공 상태에서는 빛보다도 빨리 진행하는 물체가 존재하지 않는다. 그러나, 빛의 굴절 부분에서 설명했듯이 굴절률 n이 1보다 큰 물질 중에서는, 빛의 속도 $c'=c/n$이 진공 속의 광속보다도

늦어진다. 그런 물질 중에서는 고에너지 전자 등의 입자가 빛보다도 빨리 운동하는 일이 가능해진다. '초광속'으로 운동하는 입자가 전하를 지니고 있을 때 빛의 충격파를 만들 수 있다. 이것을 체렌코프광(光)(cherenkov light)이라고 한다.

광파 5

5.1 파동의 간섭과 회절

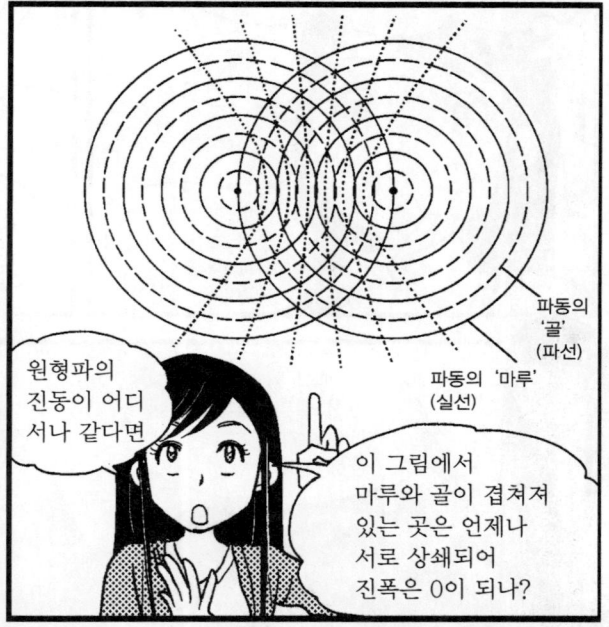

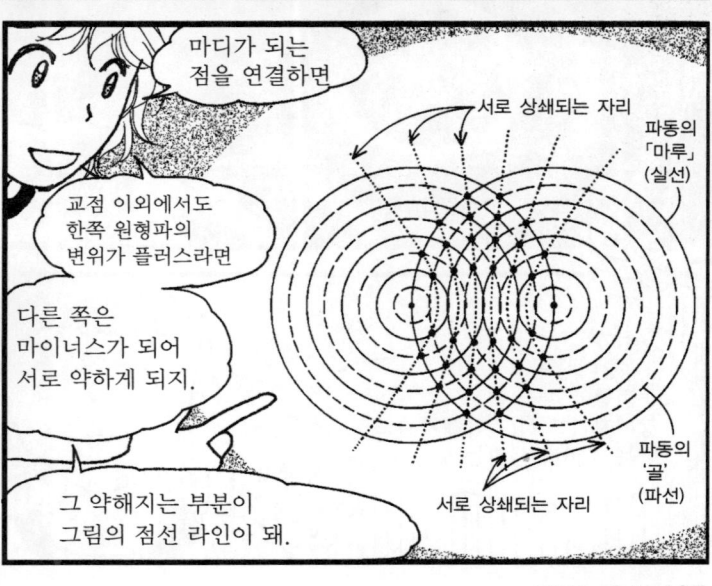

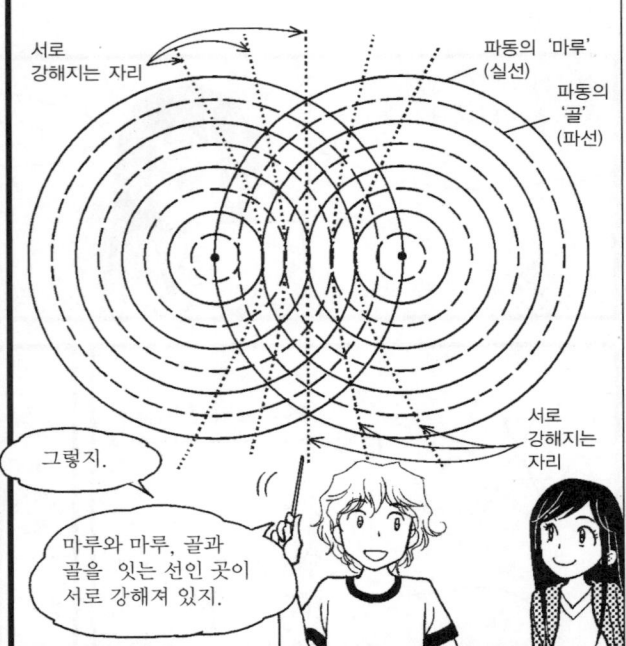

실험실 　파동이 서로 강해지는 곳과 약해지는 곳을 나타내는 식

서로 강해지는 곳과 약해지는 곳을 식으로 나타낼 수 있어.

응?

동위상으로 진동하고 있는 파원의 위치를 A, B라 하면 어떤 장소 P에서 파동이 서로 강해지는 조건은,

"A에서 P까지의 거리 PA와 B에서 P까지의 거리 PB의 차 |PA−PB|가 동위상(파장의 정수배)이 되어 있다."

그러니까 m을 0 또는 양(+)의 정수, 파장을 λ(m)로 해서

$$|PA-PB|=m\lambda \quad (m=0,1,2,3,\cdots)$$

으로 나타내는 거야.

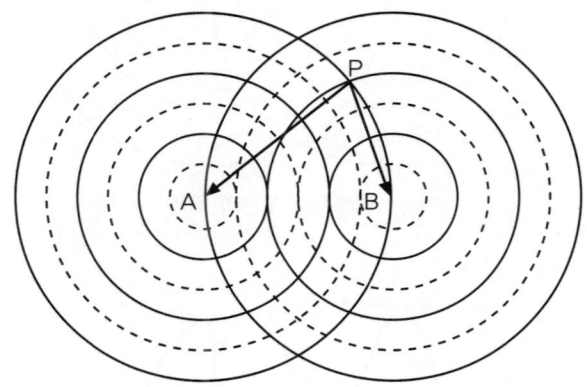

서로 강해지는 조건의 자리

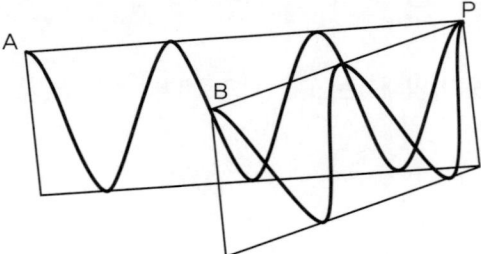

PA와 PB를 따라 수직으로 원형파를 자른 단면(중첩되기 전)

마찬가지로 어떤 장소 P에서 파동이 서로 약해지는 조건은,

"A에서 P까지의 거리와 B에서 P까지의 거리의 차가 역위상(파장의 정수배에 반파장 보탠 값)이 되어 있다."

그러니까

$$|PA-PB| = \left(m+\frac{1}{2}\right)\lambda \qquad (m=1,2,3,\cdots)$$

으로 나타내지.

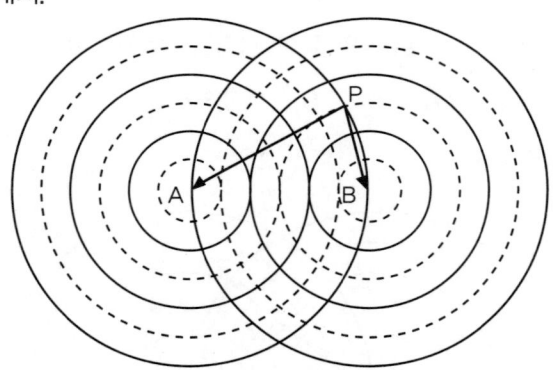

서로 약해지는 조건의 자리

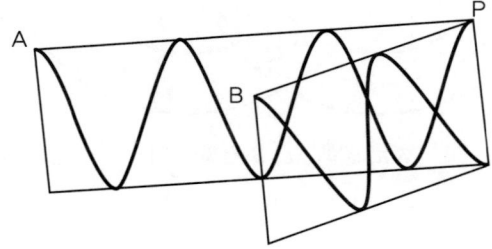

PA와 PB를 따라 수직으로 원형파를 자른 단면(중첩되기 전)

5.2 입자와 파동

■ 입자인가, 파동인가 조사 실험

실험실 | 회절 슬릿에 의한 간섭

회절 슬릿을 통해 생기는 밝은 점과 점 사이의 거리는, 슬릿과 스크린의 거리에 따라 변화하지. 그렇지만, 레이저 광선을 쬔 방향과 밝은 점의 방향과의 각도는 스크린의 위치에 따르지 않고 일정해. 이 각도는 다음과 같이 정해져.

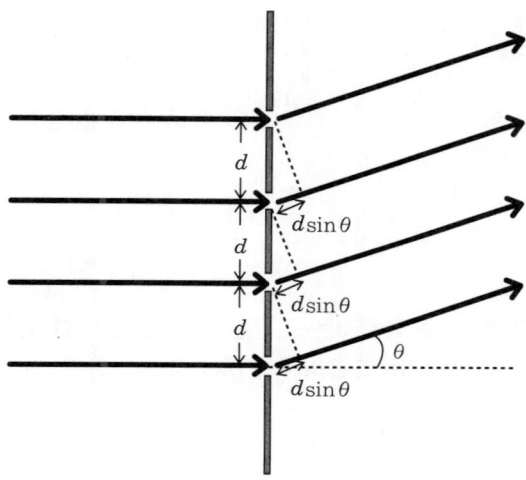

많은 틈새에서 생기는 회절 슬릿을 생각해 보자. 그 슬릿을 빠져 나갈 때 빛이 회절하는 모습을 확대해서 나타낸 것이 위의 그림이야. 파동의 간섭으로 서로 강해지는 조건식을 배웠지. 그것은 빛이 진행하는 거리의 차(광로차(光路差))가 파장의 정수배일 때 서로 강해진다는 것이었다. 그래서, 레이저광의 파장을 λ, 슬릿의 간격을 d라 하면, 위 그림에서 한 개 아래 슬릿을 통과하는 빛의 광로차는, 위의 슬릿을 통과하는 빛에 대해 $d\sin\theta$가 된다. 그러니까 각도 θ 방향에서 빛이 서로 강해지는 조건은

$$d\sin\theta = m\lambda \quad (m = \pm 1, \pm 2, \pm 3, \cdots)$$

이 된다. 즉, 밝은 점이 생기는 각도는

$$\sin\theta = \frac{m\lambda}{d} \quad (m = \pm 1, \pm 2, \pm 3, \cdots)$$

을 충족시키는 것이다. 같은 간격으로 늘어선 슬릿에서 이 각도로 나가는 빛은 모두 서로 강해지는 조건으로 중첩하니까 합친 빛은 매우 강해져 밝게 빛나는 점이 되지. 밝은 점은 m의 절대값이 작은 순서대로 나란히 생겨.

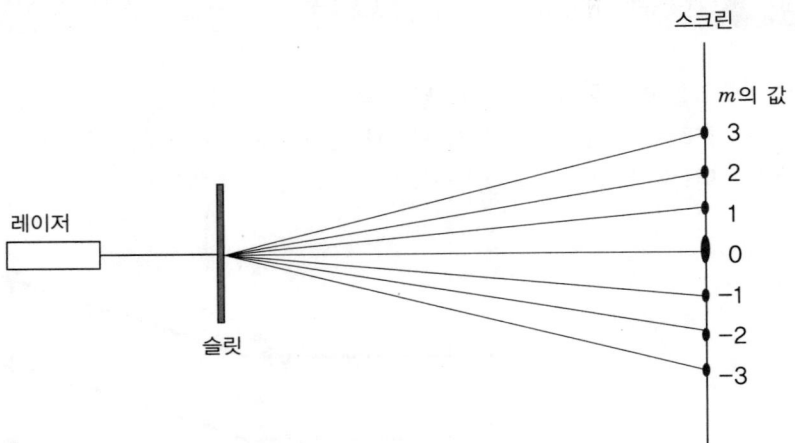

마찬가지로 서로 약해지는 조건은 마루와 골이 겹치는 것, 즉 광로차로 반파장 $\lambda/2$ 만큼 위상이 차이가 나는 조건이니까

$$d\sin\theta = m\lambda + \frac{1}{2}\lambda = (m+\frac{1}{2})\lambda \quad (m = \pm1, \pm2, \pm3, \cdots)$$

이 되는 거야.

> **문 5.** 위 그림의 슬릿으로 간격이 $d=0.01$ (mm)인 회절격자를 사용했더니 각도 $\theta=30°$ 방향으로 $m=10$인 밝은 빛의 점이 생겼다. 레이저광의 파장은 몇 마이크로미터 (μm) 입니까?

정답

0.5 (μm) (5×10^{-7}) (m)

(파장은 서로 강해질 경우의 식 $d\sin\theta = m\lambda$에서, $\lambda = d\sin\theta/m$가 된다. 문제에 주어진 값과 $\sin30° = 1/2$을 대입해, $\lambda = 0.01 \times 10^{-3} \times (1/2)/10 = 5 \times 10^{-7}$ (m)를 얻는다. 1 $(\mu m) = 10^{-6}$ (m)이므로 $\lambda = 0.5$ (μm)가 된다.)

제5장 광파

※ $1G(Hz) = 10^9 (Hz)$ (부록 A)의 p.218 참조

5.3 세상 모든 것은 파동

■ 전자의 파동

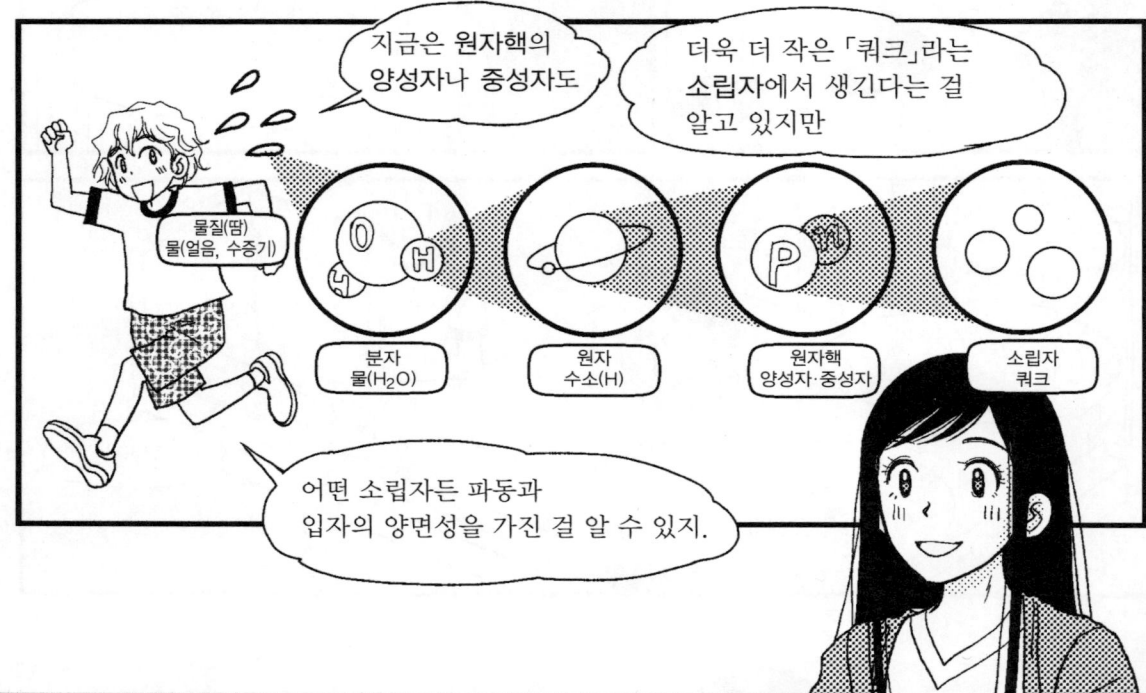

Follow Up

◆ 파동의 에너지와 세기

파동은 매질의 진동이 전달되는 현상이므로 진동이라는 운동과 결부된 역학적 에너지를 지니고 있다. 파동의 역학적 에너지는 진폭의 제곱에 비례한다. 이것은 2장에서 해설한, 연결된 추와 용수철에 의한 파동의 모델을 이용하면 정확히 이끌어 낼 수 있지만 여기에서는 다음의 간단한 설명에 그치도록 한다.

단 하나의 용수철에 장치된 추가 단진동하고 있을 때의 역학적 에너지는 변위가 최대일 때의 위치 에너지와 같아진다. 위치 에너지는 변위의 제곱에 비례하므로 단진동의 에너지는 진폭의 제곱에 비례한다. 파동은 단진동을 무한으로 연결한 모델로 나타나므로 **파동의 에너지는 진폭의 제곱에 비례하는 것**이다.

단, 파동은 매질 전체에 퍼지므로 파동 전체의 에너지는 매질이 크면 클수록 커져 버린다. 그래서 **에너지 밀도**를 생각하는 것이 일반적이다. 예를 들어 현과 같은 1차원의 파동일 경우는 단위 길이당 에너지가 에너지 밀도이다. 또, **파동의 세기**는 단위 시간당 단위 면적을 통과해 가는 파동의 에너지를 의미한다. 이 정의에서 알 수 있듯이 파동의 세기 역시 진폭의 제곱에 비례하고 있다.

◆ 전자파를 전달하는 매질은?

지금까지 이 책에서는, "파동이란 매질의 진동이 전달되는 현상이다."라고 설명해 왔다. 실제로 물의 파동에는 물이라는 매질이 있고, 음파에는 공기라는 매질이 있었다. 그러면 전자파(빛)라는 파동은 어떤 매질을 전달하는 파동일까?

먼 곳의 별빛은 물질이 거의 존재하지 않는 우주 공간을 통해 우리들 지구로 도달한다. 따라서 빛을 무언가 매질의 진동이 전달되는 파동이라고 생각하기 위해서는, "원자·분자 같은 물질이 없는 공간, 즉 진공에, 사실은 빛을 전달하는 매질이 충만되어 있을 것이다."라고 생각하지 않으면 안 된다. 이 미지의 매질은 에테르라고 불렀다. 그러나 에테르의 존재를 확인하려고 하는 실험은 전부 실패했다. 그런데, 후에 아인슈타인의 상대성 이론에 의해, 에테르가 없어도 물리 법칙은 어떤 모순도 생기지 않는 것을 알게 되어 에테르는 불필요한 개념이라고 해서 포기하게 되었다. 즉, 빛은 매질을 필요로 하지 않는 파동인 것이다.[1]

---

[1] 현을 전달하는 파동이나 음파에서 보아 왔듯이, 파동이 전달하는 속도는 매질의 성질에 따라 결정된다. 그렇지만 진공 상태의 빛의 속도는 상수로서 이론으로 나타나 매질을 필요로 하지 않는다.

현재는 빛뿐만 아니라 모든 소립자가 진공 속을 전달하는 파동, 즉 매질이 없어도 전달되는 파동으로서 작용하는 것을 알고 있다. 빛만이 특별한 것은 아니었던 것이다.

빛(광자)을 포함한 모든 소립자는 파동으로서의 성질과 입자로서의 성질을 동시에 갖는 것이 양자 역학, 그리고 양자장(量子場) 이론이라는 현대 물리학 근간의 이론으로 나타나고 있다. 또 양자장 이론의 틀에서는, 진공은 아무 것도 없는 공간이 아니라 광자를 비롯해 모든 종류의 소립자를 새로 만들어 낸다거나 소멸시킨다거나 할 수 있는 풍부한 가능성을 지닌 공간이 되어 있다.

Step Up

◆ 구면파

음파의 장에서도 설명했지만 3차원 공간의 어느 한 점을 파원으로 한 모든 방향으로 균등하게 진행하는 파동은 구면파가 된다. 파장 λ[m], 진동수 f[Hz]를 갖는 구면파는 중심에서의 거리를 r[m], 시각을 t[s]라 하면

$$u(r,t) = \frac{A}{r} \sin\left(\frac{2\pi}{\lambda}r - 2\pi ft\right) \tag{1}$$

로 나타난다. 여기에서는 매질의 변위를 나타낼 뿐만 아니라, 예를 들어 음파라면 압력 변화나 밀도 변화 등 파동으로서 전파하는 것을 일반적으로 나타낼 수 있다.[*2] 또 원점 $r = 0$[m]에서의 진동은

$$u(0,t) = \frac{2\pi A}{\lambda} \sin(2\pi ft) \tag{2}$$

로 나타나는 단진동이 된다. 단, 수학 공식

$$\lim_{x \to 0} \frac{\sin x}{x} = 1 \tag{3}$$

을 이용했다.

또 파동의 에너지 밀도는 진폭의 제곱에 비례하므로 구면파의 에너지 밀도는 $(A/r)^2$, 즉 거리의 제곱에 반비례하는 것을 알 수 있다.

[*2] $u(r, t)$가 나타내는 물리량이 다르면 그 차원(단위)도 달라지지만 그 차이는 계수 A에 포함되게 된다.

◆ 구면파의 간섭

식을 이용해 구면파의 간섭을 생각해 보자. 식 (1)의 구면파를 3차원의 좌표(x,y,z)를 사용해 고쳐 쓰면, $r=\sqrt{x^2+y^2+z^2}$이므로,

$$u(x,y,z,t) = \frac{A}{\sqrt{x^2+y^2+z^2}} \sin\left(\frac{2\pi}{\lambda}\sqrt{x^2+y^2+z^2} - 2\pi ft\right) \quad (4)$$

가 된다. 아래에서는, $z=0$인 평면상에서 생각해 z좌표를 생략한 식

$$u(x,y,t) = \frac{A}{\sqrt{x^2+y^2}} \sin\left(\frac{2\pi}{\lambda}\sqrt{x^2+y^2} - 2\pi ft\right) \quad (5)$$

를 이용하기로 한다.

점상(點狀)의 파원이 y방향으로 d 만큼 떨어진 두 개의 구면파 $u_1(x,y,t)$, $u_2(x,y,t)$를 생각한다. 파원의 좌표를 $(0, \pm d/2)$로 잡으면 동위상에서 중첩한 파동 $u(x,y,t)$는 식 (5)에서 y를 $y \pm d/2$로 치환한 식을 생각해

$$\begin{aligned}u(x,y,t) &= u_1(x,y,t) + u_2(x,y,t) \\ &= \frac{A}{\sqrt{x^2+(y-\frac{d}{2})^2}} \sin\left(\frac{2\pi}{\lambda}\sqrt{x^2+(y-\frac{d}{2})^2} - 2\pi ft\right) \\ &= \frac{A}{\sqrt{x^2+(y+\frac{d}{2})^2}} \sin\left(\frac{2\pi}{\lambda}\sqrt{x^2+(y+\frac{d}{2})^2} - 2\pi ft\right)\end{aligned} \quad (6)$$

로 나타난다. 이 식에는 만화에서 배운 구면파의 간섭에 관한 정보가 쌓여 있다. 예를 들어 파원을 잇는 수직 이등분선상(p.186)은 항상 서로 강하게 하는데 식 (6)에서 $y=0$으로 두면

$$\begin{aligned}u(x,0,t) &= \frac{A}{\sqrt{x^2+(\frac{d}{2})^2}} \sin\left(\frac{2\pi}{\lambda}\sqrt{x^2+(\frac{d}{2})^2} - 2\pi ft\right) \\ &+ \frac{A}{\sqrt{x^2+(\frac{d}{2})^2}} \sin\left(\frac{2\pi}{\lambda}\sqrt{x^2+(\frac{d}{2})^2} - 2\pi ft\right) \\ &= \frac{2A}{\sqrt{x^2+(\frac{d}{2})^2}} \sin\left(\frac{2\pi}{\lambda}\sqrt{x^2+(\frac{d}{2})^2} - 2\pi ft\right)\end{aligned} \quad (7)$$

가 되어 확실히 항상 동위상에서 중첩되는, 즉 서로 강하게 함을 알 수 있다.

또, 역위상에서의 중첩을 연구하고 싶다면 제2항의 A를 $-A$로 치환한다.[*3] 이때 $y=0$로 놓으면 $u(x,0,t)=0$이 되어 항상 상쇄됨을 알 수 있다.

[*3] 일반적으로 위상의 차이가 있는 파동을 연구하고 싶다면 사인함수에 위상 인자를 더한다.

◈ 입자성과 파동성

모든 소립자는 입자와 파동 모두로 작용함을 만화에서 배웠다. 이것을 간단한 수식으로 보도록 하자.

입자란 에너지와 운동량을 가진 알갱이이다. 그것에 비해 파동이란 진동수와 파장을 가진 범위이다. 이들 입자의 양과 파동의 양은 **플랑크 상수** h를 통해서 〈표 1〉에 나타낸 관계식으로 결부되어 있다.

〈표 1〉 입자와 파동을 연결하는 관계식

입자량	관계식	파동의 양
에너지 E	$E=hf$	진동수 f
운동량 p	$p=h/\lambda$	파장 λ

〈표 1〉의 관계식은,

(1) 입자로서의 에너지와 파동으로서의 진동수가 비례하고
(2) 입자로서의 운동량과 파동으로서의 파장(드 브로이 파장이라고 함)이 비례하고 있음을 나타내고 있다. 이들 두 개에 공통된 비례계수인 플랑크 상수는

$$h = 6.626 \times 10^{-34} \text{ (m}^2\text{kg/s)}$$

라는 매우 작은 값이다. 그렇기 때문에 '세상 모든 것은 파동'이라고는 해도 예컨대 사람만한 크기가 파동으로서 작용하는 일은 없다.

예를 들어 체중 50(kg)인 사람이 10(m/s)로 달리고 있을 때의 드 브로이 파장을 관계식 $P=h/\lambda$를 사용해 계산해 보자. 결과는

$$\lambda = \frac{h}{p} = \frac{h}{mv} = \frac{6.6 \times 10^{-34}}{50 \times 10} = 1.32 \times 10^{-36} \text{ (m)}$$

로 매우 작은 값이 된다. 이것이 얼마나 작은지를 생각해 보자. 원자의 크기는 대략 10^{-10}(m) 정도, 원자핵의 크기는 10^{-15}(m) 정도라고 어림잡고 있다. 지구 반경은 약 6400(km)=6.4 $\times 10^6$(m)이므로 원자핵의 크기와 지구 크기의 비는 $10^{-15}/10^6=10^{-21}$ 정도가 된다. 한편 위에서 계산한 사람의 드 브로이 파장과 원자핵 크기와의 비도 $10^{-36}/10^{-15}=10^{-21}$ 정도가 된다. 따라서 지구와 원자핵 크기의 비와, 원자핵과 사람의 드 브로이 파장의 비가 대개 같은 비율이 되어 있는 것이다. 인간의 파장의 영향이 나온다는 것은 원자핵 수준의 극소 세계에서도 있을 수 없다고 할 수 있는 것이다.

Jump Up

◆ 파동의 에너지를 나타내는 식

파동의 에너지를 나타내는 식을 구해 보자. 그 기초가 되는 것은 용수철 상수 k의 용수철에 연결된 질량 m인 추가 단진동하고 있을 때의 역학적 에너지이다. 용수철의 늘어남을 y라 하면 단진동의 역학적 에너지 E는

$$E = \frac{1}{2} m \left(\frac{dy}{dt}\right)^2 + \frac{1}{2} ky^2 \tag{1}$$

으로 주어진다(예를 들어 『만화로 배우는 물리「역학편」』을 참조 바람).

그럼, 2장 (Jump Up) '횡파의 파동 방정식'에서 살펴본, 연결된 용수철과 추의 모델을 사용해 (물리량도 같게 함) 역학적 에너지를 구해 보자. 우선 운동 에너지를 생각한다. n번째 추의 운동 에너지를 K라 하면

$$K = \frac{1}{2} m \left(\frac{dy_n}{dt}\right)^2 \tag{2}$$

으로 구해진다. $y_n = u(x,t)$로 치환하면

$$K = \frac{1}{2} \rho d \left(\frac{\partial u(x,t)}{\partial t}\right)^2 \tag{3}$$

이 된다. 단, 선밀도 ρ와 추의 간격 d를 이용해 질량 m을 ρd로 고쳐 썼다. 또 $y_n = u(x,t)$의 치환에 따라 미분 기호를 편미분으로 변경했다.

다음으로 위치 에너지를 생각한다. n번째 추의 운동 방정식은

$$m = \frac{d^2 y_n}{dt^2} = \frac{T}{d}(y_{n+1} - y_n) + \frac{T}{d}(y_{n-1} - y_n) \tag{4}$$

이었다. 식 (4)에서 용수철 상수에 해당하는 양은 T/d인 것을 알 수 있다. 또 n번째인 추의 위치 에너지 V로서는 양측 용수철에서의 기여를 생각할 필요가 있지만, 이들 용수철은 $n \pm 1$번째인 추의 위치 에너지에도 기여하고 있으므로 절반씩 한 것이 n번째 추의 위치 에너지가 된다. 즉

$$V = \left[\frac{1}{2} \frac{T}{d}(y_{n+1} - y_n)^2 + \frac{1}{2} \frac{T}{d}(y_{n-1} - y_n)^2\right] \times \frac{1}{2} \tag{5}$$

이 된다. 여기에서 $y_n = u(x,t)$, $y_{n+1} = u(x \pm d, t)$로 두면, $d \ll x$일 때

$$y_{n\pm 1}-y_n=\frac{u(x\pm d,t)-u(x,t)}{d}d\cong \pm\frac{\partial u(x,t)}{\partial x}d \tag{6}$$

로 근사된다. 식 (6)을 식 (5)에 대입하면

$$V=\frac{1}{2}T\left(\frac{\partial u(x,t)}{\partial x}\right)^2 d \tag{7}$$

가 된다. 따라서 역학적 에너지는 식 (3), 식 (7)을 더해+

$$K+V=\left[\frac{1}{2}\rho\left(\frac{\partial u(x,t)}{\partial t}\right)^2+\frac{1}{2}T\left(\frac{\partial u(x,t)}{\partial x}\right)^2\right]d \tag{8}$$

가 된다. 식 (8)은 추 1개의 역학적 에너지이고, 추 1개가 축 방향으로 차지하는 길이는 이므로 식 (8)을 로 나눔에 따라 단위 길이당 에너지, 즉 에너지 밀도가

$$V=\left[\frac{1}{2}\rho\left(\frac{\partial u(x,t)}{\partial t}\right)^2+\frac{1}{2}T\left(\frac{\partial u(x,t)}{\partial x}\right)^2\right]d \tag{9}$$

으로 구해진다.

◆ 사인파의 에너지

Follow Up에서 파동의 에너지는 진폭의 제곱에 비례함을 설명했다. 이것을 사인파

$$u(x,t)=A\sin(\frac{2\pi}{\lambda}x-2\pi ft) \tag{10}$$

를 이용해 수식으로 확인하자. 파동의 에너지 밀도인 식 (9)에 식 (10)을 대입하면

$$U=\frac{1}{2}\rho\left[\frac{\partial}{\partial t}A\sin\left(\frac{2\pi}{\lambda}x-2\pi ft\right)\right]^2+\frac{1}{2}T\left[\frac{\partial}{\partial x}A\sin\left(\frac{2\pi}{\lambda}x-2\pi ft\right)\right]^2 \tag{11}$$

으로 계산된다. 현을 전달하는 횡파 속도의 식 $T/\rho=v^2$ 및 $v=f\lambda$에서 $T/\lambda^2=\rho f^2$이 됨을 이용하면 식 (11)은

$$U=(2\pi fA)^2\rho\cos^2\left(\frac{2\pi}{\lambda}x-2\pi ft\right) \tag{12}$$

와 같이 정리된다. 식 (12)는 파동의 에너지 밀도가 진폭의 제곱에 비례하고 있음을 확실히 보여 주고 있다. 또, 사인파의 경우 진동수 f의 제곱에도 비례하는, 즉 진폭이 같을 경우 진동수가 큰 쪽이 에너지도 큰 것을 알 수 있다. 견해를 바꾸면 진동수가 큰 파동을 만드는 쪽이 에너지를 보다 많이 필요로 하는 것이다.

부록 A
단위에 대하여

◆ 기본 단위와 조립 단위

물리량을 나타내는 단위는 나라별로 다른 단위를 사용하면 비교할 때 불편하므로 SI 단위계(Systéme International : 프랑스어로 '국제 단위계'의 의미)를 사용하는 것이 장려되고 있다.

SI 단위계의 기본 단위로서는 〈표 1〉의 물리량이 쓰이고 있다. 그밖에 **보조** 단위로서 각도의 라디안(rad), 입체각의 스테라디안(sr)이 쓰인다. 그 이외의 단위는 **조립** 단위라고 부르며, 기본 단위를 곱하거나 나누어서 만들어진다. 이 책에서 이용한 조립 단위를 〈표 2〉에 나타낸다.

〈표 1〉 SI 기본단위

물리량	단위의 명칭	기호
길이	미터	m
시간	초	s
질량	킬로그램	kg
전류	암페아	A
온도	켈빈	K
광도	칸델라	cd
물질량	몰	mol

〈표 2〉 조립단위의 예

물리량	단위의 명칭	기호	기본단위 표시
진동수	헤르츠	Hz	$1/s$
힘	뉴턴	N	$kg\ m/s^2$
압력	파스칼	Pa	$kg/m \cdot s^2 (N/m^2)$
에너지	줄	J	$kg \cdot m^2/s^2$
일률	와트	W	$kg\ m^2/s^3\ (J/s)$

또 단위가 없는 물리량도 있다. 굴절률 n은 단위가 없는 물리량의 한 예이다.

식이 복잡해지면 단위의 관계도 복잡해져 식을 본 것만으로는 정말로 단위가 맞는 건지 모르게 될 경우가 있다. 그럴 때는 단위를 계산을 해서 확인한다. 예를 들어 '현의 고유 진동'에서 배운 장력 T(N), 선밀도 ρ(kg/m)의 현을 전달하는 횡파 속도의 식

$$v = \sqrt{\frac{T}{\rho}}$$

가 실제로 속도의 단위 (m/s)를 가지고 있음을 확인하자. T/ρ의 단위를 [T/ρ]와 같이 [ ]를 붙여 나타내면

$$\left[\frac{T}{\rho}\right] = \left[\frac{N}{kg/m}\right] = \left[\frac{kg \cdot m/s^2}{kg/m}\right] = [m^2/s^2]$$

이 되는 것을 알 수 있다. 따라서 그 평방근을 취한 단위는 (m/s), 즉 속도의 단위가 되어 있다.

◆ 배수를 나타내는 기호와 명칭

이 책에서는 마이크로미터($1\{\mu m\} = 10^{-3}\{m\}$)라든지 킬로미터($1\{km\} = 10^3\{m\}$)라는, 배수를 나타내는 명칭이 몇 가지 나왔다. 〈표 3〉에 정리해서 보여 주고 있다.

〈표 3〉 배수를 나타내는 주요 기호

배수	명칭	기호
10억배 (10^9)	기가	G
100만배 (10^6)	메가	M
1000배 (10^3)	킬로	k
100배 (10^2)	헥토	h
10배 (10)	데카	da
10분의 1 (10^{-1})	데시	d
100분의 1 (10^{-2})	센티	c
1000분의 1 (10^{-3})	밀리	m
백만분의 1 (10^{-6})	마이크로	μ
10억분의 1 (10^{-9})	나노	n

◈ 데시벨

 소리의 크기를 '데시벨: dB'이라는 양으로 나타내고 있는 것을 보고 들은 사람도 많을 것이다. 데시벨은 반드시 소리의 크기만을 나타내는 단위는 아니지만, 여기에서는 소리에 한정해서 간단히 설명해 둔다.

 사람의 귀는 아주 성능이 좋은 소리의 '검출기'로, 들리는 범위의 음파에 따른 공기의 압력 변동(**음압**이라고 함)은 $10^{-5} \sim 10^1$ (Pa) 정도로 매우 폭이 넓다. 소리의 크기에 대한 감각은 음압이나 소리의 세기에도 비례하지 않고, 그 대수(對數)에 비례하고 있는 것처럼 느끼는 것을 알고 있다. 이것을 반영시킨 소리의 '크기' 표현이 **음압 레벨**이라고 부르는 양이고, 단위에 데시벨(dB)을 쓴다. 음압 레벨은 대수를 사용한 다음 식에서 나타난다.

$$L \text{(dB)} = 20\log_{10}\left(\frac{P}{P_0}\right)$$

여기에 $P_0 = 20 \times 10^{-6}$ (Pa)로, 들리는 최소의 음압(수 미터 떨어진 곳을 나는 모기에서의 음압 정도)에 해당한다. 주의해야 할 것은 데시벨로 측정한 음압 레벨이 2배, 3배, …가 된다는 것은 실제 음압이 제곱, 세제곱, …과 같이 지수 함수적으로 변화한다는 것이다. 이것은 음압 레벨의 정의식을

$$\frac{P}{P_0} = 10^{L/20}$$

이라고 고쳐 써보면 잘 알 수 있다.

 속삭이는 소리(30 (dB) 정도)와 시끄러운 패밀리 레스토랑(70 (dB) 정도)에서의 차이는 40 (dB)이지만 음압 레벨에서 10^2배, 소리의 세기로서는(음압의 제곱에 비례하므로) 10^4배, 즉 10000배나 다른 것이다.

부록 B
수학적 보충

◆ 테일러 전개

테일러 전개의 공식은

$$f(a+x) = f(a) + f^{(1)}(a)x + \frac{1}{2}f^{(2)}(a)x^2 + \frac{1}{6}f^{(3)}(a)x^3 + \cdots \tag{1}$$

로 나타난다. 여기서 $f^{(n)}(a)$는 $f(x)$를 n계 미분한 것에 $x=a$를 대입한 값

$$f^{(n)}(a) = \frac{d^n f(x)}{dx^n}\bigg|_{x=a} \tag{2}$$

를 나타내고 있다.

테일러 전개는 임의의 함수 $f(x)$의 $x=a+x$ 에서의 값 $f(a+x)$가 어긋난 지점 $x=a$에서의 값 $f(a)$ 및 그 미분으로 나타낼 수 있는 것을 보여 주고 있다. 식 (1)은 무한급수이지만 실제로 물리에서 잘 사용되는 것은 $x \ll 1$이라는 조건하에서 $f(a+x)$를 맨 처음 2, 3항까지에서 근사하는 경우이다. 3장에서 보여 준 파동 방정식의 도출에서는 3항목까지의 테일러 전개를 이용하고 있다.

테일러 전개의 공식 증명은 그다지 어렵지는 않지만 길어진다. 그래서 여기에서는 이 책에서 이용한 2차까지의 근사식을 초등적인 의론으로 이끌어 내기로 한다.

(i) 1차 근사식

미분의 정의에서

$$f'(a) = \lim_{x \to 0} \frac{f(x+a) - f(a)}{x} \tag{3}$$

가 성립한다. 단, $f^{(1)}(a) = f'(a)$로 나타냈다. $x \ll 1$일 때 미분을 평균 변화율로 근사하면

$$f'(a) \cong \frac{f(x+a) - f(a)}{x} \tag{4}$$

가 된다. 식 (3)을 변형하면

$$f(x+a) \cong f(a) + f'(a)x \tag{5}$$

를 얻는다. 식 (1)과 비교하면 식 (5)는 테일러 전개의 1차까지의 근사식이 되어 있음을 알 수 있다.

(ⅱ) 2차 근사식

2차까지의 근사식에는 2계의 미분이 포함되므로

$$f''(a)=\lim_{x\to 0}\frac{f'(x+a)-f'(a)}{x} \tag{6}$$

에서 출발한다. 단, $f^{(2)}(a)=f''(a)$로 나타냈다. $x \ll 1$로 해서 식 (6)을 평균 변화율

$$f''(a)\cong\frac{f'(x+a)-f'(a)}{x} \tag{7}$$

로 근사한다. 또 $f'(a)$와 $f'(x+a)$를 평균 변화율로 나타내고 싶지만, $f(a)$와 $f(x+a)$ 만을 이용하면 1차의 근사식과 같아지고 만다. 그래서

$$f'(x+a)\cong\frac{f(x+a)-f(x/2+a)}{x/2} \tag{8}$$

및

$$f'(a)\cong\frac{f(x/2+a)-f(a)}{x/2} \tag{9}$$

와 같이 $x=a$와 $x=x+a$의 중점에서의 값 $f(x/2+a)$를 이용해 근사의 정확도를 높인다. 식 (8), (9)를 식 (7)에 대입하면

$$f''(a)\cong\frac{1}{x}\left[\frac{f(x+a)-f(x/2+a)}{x/2}-\frac{f(x/2+a)-f(a)}{x/2}\right]$$
$$=\frac{1}{(x^2/2)}[f(x+a)-2f(x/2+a)+f(a)] \tag{10}$$

가 된다. 식 (10) 안의 $f(x/2+a)$는 소거하지 않으면 안 되지만 그것에는 1차까지의 테일러 전개의 식 (5)를 이용한다. 즉

$$f\left(\frac{x}{2}+a\right)\cong f(a)+f'(a)\frac{x}{2}$$

를 식 (10)에 대입하면

$$f''(a)\cong\frac{1}{(x^2/2)}[f(x+a)-2f(a)-f'(a)x+f(a)] \tag{11}$$

가 된다. 식 (11)을 정리하면 2차까지의 테일러 전개의 근사식

$$f(x+a)\cong f(a)+f'(a)x+f''(a)\frac{x^2}{2} \tag{12}$$

이 된다.

식 (12)는 3장 [Jump Up]에서 설명한 파동 방정식의 도출 과정에서

$$u(x \pm d, t) \cong u(x,t) + \frac{\partial u(x,t)}{\partial x}(\pm d) + \frac{1}{2}\frac{\partial^2 u(x,t)}{\partial t^2}(\pm d)^2$$

으로서 이용했다(p.144). 위의 식은 2변수 함수의 테일러 전개가 되어 있지만, 복수의 변수를 포함할 경우에도 전개하는 변수 이외는 고정되어 있다고 생각하면 1변수일 경우와 똑같이 테일러 전개를 할 수 있다. 이것은 위의 도출 과정에서도 명확하다. 단, 다변수 함수에 테일러 전개를 적용할 경우는 위의 식과 같이 미분을 편미분 기호로 변경해 둔다.

이 책에서 이용한 테일러 전개로서는 그밖에

$$\sqrt{1+x} \cong 1 + \frac{1}{2}x \tag{13}$$

가 있다. 식 (13)은 공식

$$\frac{dx^p}{dx} = px^{p-1}$$

(p는 실수)를 이용해 함수$(1+x)^p$를 1차까지 테일러 전개한 근사식

$$(1+x)^p \cong 1 + px$$

에 $p = 1/2$을 대입해 얻을 수 있다.

◆ 발전 문제(p.95)의 해답

$f(x)$, $g(x)$를 임의의 함수로서

$$u(x,t) = f(x-vt) + g(x+vt) \tag{14}$$

가 파동 방정식

$$\frac{1}{v^2}\frac{\partial^2 u(x,t)}{\partial t^2} = \frac{\partial^2 u(x,t)}{\partial x^2} \tag{15}$$

를 충족시킴을 보여 준다.

$$X = x - vt$$

로 두면

$$\frac{\partial X}{\partial x}=1, \quad \frac{\partial X}{\partial t}=-v$$

이므로

$$\frac{\partial f(x-vt)}{\partial x}=\frac{df(X)}{dX}\frac{\partial X}{\partial x}=\frac{df(X)}{dX}, \quad \frac{\partial^2 f(x-vt)}{\partial x^2}=\frac{d^2 f(X)}{dX^2}$$

및

$$\frac{\partial f(x-vt)}{\partial t}=\frac{df(X)}{dX}\frac{\partial X}{\partial x}=-v\frac{df(X)}{dX}, \quad \frac{\partial^2 f(x-vt)}{\partial t^2}=(-v)^2\frac{d^2 f(X)}{dX^2}$$

가 성립한다. 따라서

$$\frac{1}{v^2}\frac{\partial^2 f(x-vt)}{\partial t^2}=\frac{d^2 f(X)}{dX^2}=\frac{\partial^2 f(x-vt)}{\partial x^2}$$

가 되어 $f(x-vt)$는 파동 방정식 (15)를 충족시킴을 보여 준다. 마찬가지로 $g(x+vt)$도 같은 결과가 됨을 알 수 있다. 파동 방정식의 선형성에서 (p.94 '중첩의 원리와 파동 방정식' 참조), 그들의 합으로 얻어지는 식 (14)의 $u(x,t)$ 역시 식 (15)를 충족시킨다.

찾아보기

숫자,영문

1 옥타브 · 137
2차 무지개 · 42
db · 219
SI 단위계 · 217

ㄱ

가시광 · 29, 35
가시광선 · 204
가청역 · 117
각 진동수 · 82
강제진동 · 110
개관 · 125
고유진동 · 121
고유 진동수 · 121
고정단 · 119
고정단 반사 · 77
골 · 54
공기의 파동 · 100
공명 · 110
광로차 · 201
광양자 · 206
광자 · 207
광축 · 26

구면파 · 104
굴절각 · 18
굴절률 · 19, 37
굴절의 법칙 · 38
기본 단위 · 217
기본 진동수 · 122
기주 · 124
기체의 상태 방정식 · · · · · · · · · · · · · · · · · 143
길이의 탄성률 · 93

ㄴ

높은 소리 · 111
단열 변화 · 146

ㄷ

데시벨 · 219
도플러 효과 · 151
동위상 · 74
드 브로이 · 208
드 브로이 파장 · 214

ㄹ

라디안 · 81
렌즈의 공식 · 39

ㅁ

마디 · 73
마루 · 54
마하 콘 · 177
매질 · 47
맥놀이 · 130
맥스웰 · 207

ㅂ

반사각 · 13, 35
반사의 법칙 · · · · · · · · · · · · · · · · · · · 13, 35
반사파 · 77
배 · 73
변위 · 52
보조 단위 · 217
분산 · 29, 41
빛 에너지 · 34
빛의 굴절 · 18, 38
빛의 도플러 효과 · · · · · · · · · · · · · · · · · 176
빛의 산란 · 12

ㅅ

사인파 · 55
사인함수 · 81
상대 굴절률 · 39
소리의 3요소 · 111
소리의 높이 · 111
소리의 크기 · 111
소립자 · 210
소밀파 · 65
순정률 · 138
슈뢰딩거 · 209
스넬의 법칙 · 38
스피드 건 · · · · · · · · · · · · · · · · · · · 165, 171
시간 · 53
시간-변위 그래프 · · · · · · · · · · 62, 76, 113
실상 · 27

ㅇ

아인슈타인 · 206
에너지 밀도 · 211
에테르 · 211
역위상 · 74
열 에너지 · 34
영률(Young's modulus) · · · · · · · · · · · · · 93
용수철 · 105
운동 방정식 · · · · · · · · · · · · · · · · · · · 79, 143
원자의 운동 에너지 · · · · · · · · · · · · · · · · 34
위상 · 74
위치 · 53
위치-변위 그래프 · · · · · · · · · · · · · · 62, 76
음색 · 111
음속 · 116

음압 레벨 · 219
음압 · 219
음파 · 100
음파는 종파 · 102
임계각 · 21
입사각 · 13, 18, 35
입사파 · 77

ㅈ

자외선 · 35
자유단 반사 · 77
적외선 · 35
전반사 · 21
전자의 운동 에너지 · · · · · · · · · · · · · · · · · 34
전자파 · 33, 203
정상파 · 71
조립단위 · 217
종파 · 65, 66
주기 · 55, 81
주파수 · 56
중첩의 원리 · 69
진동수 · 55, 111
진폭 · 55, 81
진폭의 크기 · 111
질량의 보존 · 143

ㅊ

체렌코프광 · 178
초기위상 · 82
초점 · 26
초점거리 · 26
충격파 · 177

ㅋ

코사인 함수 · 81
콤프턴 · 207
쿼크 · 210

ㅍ

파동 · 47
파동 방정식 · 91
파동의 간섭 · 186
파동의 독립성 · 70
파동의 반사 · 77
파동의 세기 · 211
파동의 회절 · 189
파장 · 55
펄스파 · 50
평균율 · 138
평면파 · 174
평형 위치 · 80
폐관 · 127

프리즘·····················24
플랑크 상수 ···············214

ㅎ

허블의 법칙·················176

허상·······················27
현을 전달하는 횡파의 속도 ··········92
호도법······················81
횡파·····················65, 66
흡수······················16

● 저자 약력

니타 히데오(新田 英雄)
1987년 와세다대학교 대학원 이공학 연구과 박사과정 수료
이론 물리학, 물리교육 전공
현재 동경 학예 대학 교육학부 교수, 이학박사

〈주요저서〉
『물리와 특수함수-입문 세미나』(공림출판)
『엑셀로 배우는 전자기학』(공저, 옴사)
『엑셀로 배우는 양자역학』(공저, 옴사)
『만화로 쉽게 배우는 물리-역학』(옴사)

〈번역서〉
『상대성 이론』(Stannard 저, Nitta Hideo 역, 마루젠 출판)

● 만화 제작   주식회사 트렌트 프로 / 북스 플러스
　　　　　　 만화와 일러스트를 사용한 각종 툴 기획·제작을 하는 1988년 창업의 프로덕션. 북스 플러스는 일본 최대 규모의 실적을 자랑하는 주식회사 트렌드 프로의 제작 노하우를 서적 제작에 특화시킨 서비스 브랜드로 기획·편집·제작을 종합적으로 진행하는 업계 굴지의 프로페셔널 팀이다.
　　　　　　 http://www.books-plus.jp/
　　　　　　 도쿄도 미나토구 신바시 2-12-5 이케덴빌딩 3F
　　　　　　 TEL: 03-3519-6769   FAX: 03-3519-6110

● 시나리오   re_akino
● 작화   후카모리 아키(深森あき)
● DTP   헨미 요코(邊見洋子)(폰포치 디자인)

만화로 쉽게 배우는 시리즈

만화로 쉽게 배우는 **통계학**

다카하시 신 지음
김선민 번역
224쪽 | 17,000원

만화로 쉽게 배우는 **회귀분석**

다카하시 신 지음
윤성철 번역
224쪽 | 17,000원

만화로 쉽게 배우는 **인자분석**

다카하시 신 지음
남경현 번역
248쪽 | 16,000원

만화로 쉽게 배우는 **베이즈 통계학**

다카하시 신 지음
정석오 감역 | 이영란 번역
232쪽 | 17,000원

만화로 쉽게 배우는 **보건통계학**

다큐 히로시, 코지마 다카야 지음
이정렬 감역 | 홍희정 번역
272쪽 | 17,000원

만화로 쉽게 배우는 **데이터베이스**

다카하시 마나 지음
홍희정 번역
240쪽 | 16,000원

만화로 쉽게 배우는 **허수·복소수**

오치 마사시 지음
강창수 번역
236쪽 | 17,000원

만화로 쉽게 배우는 **미분방정식**

사토 미노루 지음
박현미 번역
236쪽 | 17,000원

만화로 쉽게 배우는 **미분적분**

코지타 히로유키 지음
윤성철 번역
240쪽 | 17,000원

만화로 쉽게 배우는 **선형대수**

다카하시 신 지음
천기상 감역 | 김성훈 번역
296쪽 | 17,000원

만화로 쉽게 배우는 **푸리에 해석**

시부야 미치오 지음
홍희정 번역
256쪽 | 17,000원

만화로 쉽게 배우는 **물리[역학]**

닛타 히데오 지음
이춘우 감역 | 이창미 번역
232쪽 | 17,000원

만화로 쉽게 배우는 **물리[빛·소리·파동]**

닛타 히데오 지음
김선배 감역 | 김진미 번역
240쪽 | 17,000원

만화로 쉽게 배우는 **양자역학**

이시카와 켄지 지음
가와바타 키요시 감수 | 이희천 번역
256쪽 | 17,000원

만화로 쉽게 배우는 **상대성 이론**

야마모토 마사후미 지음
닛타 히데오 감수 | 이도희 번역
188쪽 | 17,000원

만화로 쉽게 배우는 **열역학**

하라다 토모히로 지음
이도희 번역
208쪽 | 17,000원

※정가는 변동될 수 있습니다.

만화로 쉽게 배우는 시리즈

만화로 쉽게 배우는 **유체역학**
다케이 마사히로 지음
김영탁 번역
200쪽 | 17,000원

만화로 쉽게 배우는 **재료역학**
스에마스 히로시, 나가시마 토시오 지음
김순채 감역 | 김소라 번역
240쪽 | 17,000원

만화로 쉽게 배우는 **토질역학**
카노 요스케 지음
권유동 감역 | 김영진 번역
284쪽 | 16,000원

만화로 쉽게 배우는 **콘크리트**
이시다 테츠야 지음
박정식 감역 | 김소라 번역
190쪽 | 16,000원

만화로 쉽게 배우는 **측량학**
쿠리하라 노리히코, 사토 야스오 지음
임진근 감역 | 이종원 번역
188쪽 | 16,000원

만화로 쉽게 배우는 **전기수학**
다나카 켄이치 지음
이태원 감역 | 김소라 번역
268쪽 | 17,000원

만화로 쉽게 배우는 **전기**
소노다 마사루 지음
주홍렬 감역 | 홍희정 번역
224쪽 | 17,000원

만화로 쉽게 배우는 **전기회로**
이이다 요시카즈 지음
손진근 감역 | 양나경 번역
240쪽 | 17,000원

만화로 쉽게 배우는 **전자회로**
다나카 켄이치 지음
손진근 감역 | 이도희 번역
184쪽 | 17,000원

만화로 쉽게 배우는 **전자기학**
엔도 마사모리 지음
신익호 감역 | 김소라 번역
264쪽 | 17,000원

만화로 쉽게 배우는 **발전·송배전**
후지타 고로 지음
오철균 감역 | 신미성 번역
232쪽 | 17,000원

만화로 쉽게 배우는 **전기설비**
이가라시 히로카즈 지음
이상경 감역 | 고운채 번역
200쪽 | 17,000원

만화로 쉽게 배우는 **시퀀스 제어**
후지타키 카즈히로 지음
김원회 감역 | 이도희 번역
212쪽 | 17,000원

만화로 쉽게 배우는 **모터**
모리모토 마사유키 지음
신미성 번역
200쪽 | 17,000원

만화로 쉽게 배우는 **디지털 회로**
아마노 히데하루 지음
신미성 번역
224쪽 | 17,000원

만화로 쉽게 배우는 **전지**
후지타키 카즈히로, 사토 유이치 지음
김광호 감역 | 김필호 번역
200쪽 | 16,000원

※정가는 변동될 수 있습니다.

만화로 쉽게 배우는 물리 [빛·소리·파동]

원제 : マンガでわかる 物理[光·音·波編]

2016. 7. 12. 초 판 1쇄 발행
2021. 6. 14. 초 판 2쇄 발행

지은이 | 닛타 히데오(新田 英雄)
그 림 | 후카모리 아키(深森 あき)
감 역 | 김선배
역 자 | 김진미
펴낸이 | 이종춘
펴낸곳 | BM (주)도서출판 성안당

주소 | 04032 서울시 마포구 양화로 127 첨단빌딩 3층(출판기획 R&D 센터)
      10881 경기도 파주시 문발로 112 파주 출판 문화도시(제작 및 물류)
전화 | 02) 3142-0036
      031) 950-6300
팩스 | 031) 955-0510
등록 | 1973. 2. 1. 제406-2005-000046호
출판사 홈페이지 | www.cyber.co.kr
ISBN | 978-89-315-7963-5 (17420)
정가 | 17,000원

이 책을 만든 사람들

전산편집 | 김인환
홍보 | 김계향, 유미나, 서세원
국제부 | 이선민, 조혜란, 김혜숙
마케팅 | 구본철, 차정욱, 나진호, 이동후, 강호묵
마케팅 지원 | 장상범, 박지연
제작 | 김유석

성안당 Web 사이트

이 책은 Ohmsha와 BM (주)도서출판 성안당의 저작권 협약에 의해 공동 출판된 서적으로, BM (주)도서출판 성안당 발행인의 서면 동의 없이는 이 책의 어느 부분도 재제본하거나 재생 시스템을 사용한 복제, 보관, 전기적·기계적 복사, DTP의 도움, 녹음 또는 향후 개발될 어떠한 복제 매체를 통해서도 전용할 수 없습니다.

■ 도서 A/S 안내

성안당에서 발행하는 모든 도서는 저자와 출판사, 그리고 독자가 함께 만들어 나갑니다.
좋은 책을 펴내기 위해 많은 노력을 기울이고 있습니다. 혹시라도 내용상의 오류나 오탈자 등이 발견되면 **"좋은 책은 나라의 보배"**로서 우리 모두가 함께 만들어 간다는 마음으로 연락주시기 바랍니다. 수정 보완하여 더 나은 책이 되도록 최선을 다하겠습니다.
성안당은 늘 독자 여러분들의 소중한 의견을 기다리고 있습니다. 좋은 의견을 보내주시는 분께는 성안당 쇼핑몰의 포인트(3,000포인트)를 적립해 드립니다.
잘못 만들어진 책이나 부록 등이 파손된 경우에는 교환해 드립니다.